KB003564

열정의 아이콘! 이채익 의원

열정의 아이콘!
이채익 의원

지은이 | 이채익
만든이 | 최수경
만든날 | 2023년 1월 10일
만든곳 | 글마당 앤 아이디얼북스
(출판등록 제2008-000048호)
서울 종로구 인사동길49
안녕인사동 408호
전　화 | 02)786-4284
팩　스 | 02)6280-9003
이　멜 | madang52@naver.com

ISBN | 979-11-93096-02-4(03400)

책값 20,000원

| 추천사 |

울산에 대한 열정과 소중한 경험을 오롯이 담은 책

김두겸(울산광역시 시장)

항상 울산을 위해 열정적으로 일하시는 이채익 국회의원의 『열정의 아이콘! 이채익 의원』 출간을 진심으로 축하드린다.

이 의원과 함께 울산의 현안을 해결하기 위해 국회와 정부를 다니며 노력한 결실로 울산은 지금 크게 변화하고 있다.

울산을 위해서라면 어떤 험한 길이라도 마다하지 않고 달리시는 이 의원께 깊은 감사를 드린다.

이채익 의원의 울산에 대한 열정과 소중한 경험을 오롯이 담은 이 책은 저를 비롯하여 많은 이들이 항상 옆에 두고 보는 애독서가 될 것이다.

앞으로도 울산의 발전에 큰 역할을 다해 주시기 바라며, 늘 건강과 행운이 충만하리라 기대한다.

잠자는 시간도 아까워하는 일꾼이 있다

안수일(울산광역시의회 의원)

이채익 국회의원에게 가장 잘 어울리는 단어는 '집념(執念)'이다. 매번 그를 볼 때마다 놀란다. 어디서 저런 초인적인 힘이 나올까 하는 생각의 끝에 이르면 단연 '집념'이라는 말이 떠오른다. 이채익 의원에게 집념은 오로지 공(公)이 우선이다. 공의 자리에 단 한 번도 사(私)가 자리하지 않았다.

경남도의원부터, 울산 남구청장, 울산항만공사 사장을 역임할 때도 마찬가지였다. 사사로운 이해와 이익은 이채익 국회의원과는 거리가 멀었다. 아니 멀다는 말로도 부족하다. 아예 없다가 맞다. 그에게는 오로지 공이 먼저다. 공공의 이익과 이해뿐이다. 울산 남구갑 국회의원으로서의 이채익 의원은 이미 모든 부분에서 검증됐다. 지역구인 남구갑에만 머무르지 않고, 남구와 울산, 그리고 대한민국을 위해 이채익 의원은 하루 24시간을 허투루 보내지 않았다. 잠자는 시간도 아까워하는 일꾼이 있다면, 그것은 이채익 의원이라고 나는 강하게 말 할수 있다.

이채익 의원은 품성이면 품성, 실력이면 실력, 어느 것 하나 다른 의원들과 비교해 뒤쳐지지 않는다. 3선 국회의원이지만, 초선 국회의원처럼 무슨 일이든, 어떤 일이든 부지런히 뛴다. 울산에서 아침을 시작해, 낮에 서울에 있다가도 지역에 필요한 일이 생기면 늦은 저녁이라도 울산에 내려온다. 울산에 와서도 한곳에

머무르지 않고, 지역구 이곳저곳을 찾아다니며 꼼꼼하게 살핀다.

이채익 의원은 말로 설득되지 않으면 마음으로 설득하는 스타일이다. 마음이 통한다는 것은 진심이 느껴지기 때문이다. 이채익 의원은 '집념'의 정치인인 동시에 '진심'의 정치인이다. 집념과 진심을 알기에 지역주민들은 이채익 국회의원을 세 번 연속 자신들의 대표로 선택했다. 3선 국회의원으로서 문화체육관광위원장에 이어 행정안전위원장을 연거푸 역임하면서 울산과 대한민국을 위해 무수히 많은 일을 해냈다.

그런데, 아직 이채익 의원이 울산과 대한민국을 위한 도구로 쓰임은 남아있다. 화룡점정(畵龍點睛)의 시간이 남았다. 그동안 울산으로선 한 번도 배출하지 못했던 국회의장을 만들 절호의 기회가 온 것이다. 이채익 의원이 지금껏 해온 일보다 더 많은 일을 할 수 있길 바란다. 이채익 의원의 '집념'과 '진심'을 집대성한 이 책이 국회의장으로 가는 가교가 되길 희망한다.

현장에 답이 있다는 평소 철학처럼…

이장걸(울산광역시의회 의원)

이채익 의원은 강한 뚝심과 신념으로 올바른 정치인의 길을 향해 걸어오신 분이다.

이 의원의 과거 발자취를 보면 울산광역시의 성장 역사를 볼 수 있을 만큼 그 누구보다 울산을 위해 많은 노력을 해오셨다.

현장에 답이 있다는 평소 철학처럼 시민의 곁에서 시민을 위해 일하는 유능한 일꾼이라고 자부한다.

오랜 공직 생활의 경륜과 내공으로 더 나은 울산, 더 나은 시민의 삶을 위한 이채익 의원의 뜨거운 열정은 계속될 것이다.

행정·정치·경영까지 두루 경험하며, 그 경험을 바탕으로

안대룡(울산광역시의회 시의원)

내가 본 이채익 의원은 주민의, 주민에 의한, 주민을 위한 마음으로 섬김의 정치를 펼치는 정치인이다.

늘 겸손하며 부지런함의 대명사로 지역과 주민만을 바라보며 밤낮을 가리지 않고 쉼 없이 달려왔다.

행정·정치·경영까지 두루 경험하며, 그 경험을 바탕으로 대한민국과 울산의 발전을 위해 헌신해 왔듯이, 앞으로도 변함없이 국민의 봉사자로서 섬김의 마음으로 대한민국과 울산의 발전을 위해 힘써 애써주기를 바란다.

오직 울산만 생각하며 강단과 소신으로...

이정훈(울산광역시 남구의회 의장)

이채익 의원을 한마디로 정의하면 '지역을 제대로 알고 일하는 겸손하고 부지런한 사람'이다.

경상남도 울산시의회 기초의원을 시작으로 울산광역시 승격 이전의 경남도의회 광역의원, 민선 1, 2대 남구청장, 울산항만공사 사장을 역임한 후 중앙정치에 뛰어든 그는 '현역 3선 국회의원이란 타이틀'만으로도 이미 검증된 일꾼이라 할 수 있다.

또한 울산광역시 최초로 문화체육관광위원장과 행정안전위원장을 역임하면서 울산광역시를 법정 문화도시로, 2022년에는 정부를 설득하여 보통교부세 혁신방안을 통해 산업경제비를 산업단지 수요에 산규 반영토록 하여, 울산광역시의 2023년도 보통교부세 1조원시대를 여는데 크게 기여를 했다.

이채익 의원을 찾고 싶을 때는 '현장으로 가라'는 말을 하곤 한다. 누구보다 먼저 현장을 찾고, 주민들과 소통하며, 이를 정책에 반영한다. 주민을 위해서라면 '동에 번쩍, 서에 번쩍' 부지런히 발로 뛰며 주민의 편에 서서 크고 작은 일들을 챙기는 따뜻한 마음과 포용력을 가진 사람이다.

지역 이슈에 침묵하지 않고, 지역 현안 해결과 발전을 위해서는 기발한 아이디어와 정책 제안, 법안 발의, 주민과 기관의 가교 역할 등 열정과 집념을 더해 실행으로 이어가며 주민들의 마음을 움직인다. 간혹 눈을 찌푸리게 만드는 일부 선배 정치인들의 정치적 욕심, 아집과는 애당초 거리가 먼 사람인 것이다.

오직 울산만 생각하며 강단과 소신으로 앞만 보며 달려온 그의 정치 인생 30년은 울산을 산업도시에서 대한민국 최고의 경제·문화·관광이 어우러진 산업도시로 발전시켜 나가고 있다.

겸손의 정치, 섬김의 정치, 진정성의 정치를 실현하는 울산 정치의 거목, 나의 정치적 스승이자 롤모델인 이채익 의원은 우리 울산을 넘어 대한민국 미래에 꼭 필요한 '인재'이자 '희망'이다.

선당후사(先黨後私)의 정신이 몸에 밴 분

이지현(울산광역시 남구 구의원)

내가 본 이채익 의원은 놀랄 정도로 뛰어난 기억력의 소유자이고,
항상 겸손(謙遜)한 마음으로 주민과 소통하며
선당후사(先黨後私)의 정신이 몸에 밴 분이다.
언제나 근심어린 마음으로 주민을 섬기고,
인내(忍耐)하는 마음과 따뜻한 가르침으로 후배 정치인들을 챙기며, 보이지 않는 곳에서 말보다 행동으로 실천하시는 분이다.

절제와 끈기가 있는 의원님을 닮고 싶다

이소영(울산광역시 남구 구의원)

이채익 의원을 떠올리면 절제, 끈기 그리고 부드러움이라는 단어가 생각난다.
정치인으로서 반드시 지켜야 할 절제, 끈기, 부드러움을 정치 현장에서 가장 조화롭게 적용할수 있는 분이라고 생각한다.
저 역시 부드럽게 주민들에게 다가가며 절제와 끈기가 있는 모습으로 의원님을 닮고 싶다.

열정 하나만은 남에게 양보하고 싶지 않은 마음으로

존경하는 국민 여러분과 울산시민 여러분!

울산 남구갑 출신 국회의원 이채익 정중히 온 마음을 다해 감사 인사를 드립니다. 지금의 위치까지 올 수 있도록 도와주심에 마음 깊이 존경과 감사의 말씀을 드립니다.

제가 지금까지 국회의원 3선을 지내면서 느끼고, 보고, 성취한 것들을 한 권의 책으로 출간하게 되었습니다. 책 제목이 한편으로는 좀 부끄럽고 과장된 표현 같습니다만 고심을 거듭한 끝에 『열정의 아이콘! 이채익 의원』으로 정했습니다.

저는 모든 것이 부족할지라도 그래도 열정 하나만은 남에게 양보하고 싶지 않은 마음으로 지금까지 살아왔습니다. 그동안 저는 오직 선민후사(先民後私), 공선사후(公先私後)의 정신으로 저 이채익 개인보다는 국가와 국민만을 생각하며 살아 왔습니다. 공직을 시작한 이래 지금까지 하루 20시간 가까이 공적인 영역에서 최선을 다해 왔다고 감히 자부하고 싶습니다.

농부이자 경비원이었던 아버지의 넷째아들로 태어난 저는 국가를 지키는 것이 남자의 최고 덕목으로 알고 국가안보와 국가번영을 위해 감히 헌신해 왔다고 자부합니다. 또한 저에게 있어 울산과 남구는 일부가 아닌 전부였습니다. 자나 깨나 울산과 남구 발전을 위해 분골쇄신해 왔습니다.

저는 평소에 공인(公人)은 사인(私人)과는 다른 책임과 의무가 있다고 확신합니다. 공인의 길은 사인보다 더 많은 열정과 노력으로 희생과 헌신, 섬김을 통해 오직 국민만을 바라보면서 보람하나만을 생각해야지 다른 것을 생각하면 개인이나 국가에 해악을 끼친다고 생각합니다.

존경하는 국민 여러분 그리고 울산시민·남구 구민 여러분! 저의 국회의원 3선의 여정을 어떻게 평가하고 계십니까? 많이 부족하고, 또 많은 질책을 받아야 할 것이 있음을 잘 알고 있습니다. 그렇기에 여러분의 따끔한 질책 또한 달게 받을 마음의 각오도 항상 하고 있습니다.

2024년 새해에도 가정과 직장에 더 큰 보람과 성취가 함께 하시길 기원드립니다.

감사합니다.

2024.1 .

저자 이채익 드림

| 프롤로그 |

이채익 의원 '윤석열 후보 지지' 선언하다

모든 국민이 알고 있듯 윤석열 대통령은 사법고시 도전 9수 만에 합격한 불가사의한 인물이다. 성공은 실패의 계단으로 만들어진다고 했다. 과거에 많은 실패가 있었기에 오늘의 윤석열 대통령이 탄생했다.

너무나 힘들었던 내 어린 시절을 생각하면 지금도 눈물이 난다. 나도 힘들고 어려운 시절을 극복했기에 오늘날 3선 국회의원을 하고 있다. 많은 고난과 역경을 이겨낼수록 장래는 더 밝게 빛나는 법이다. 내가 윤석열 후보를 국민의힘 대통령 후보로 지지한 이유도 이러한 그의 과거 때문이다.

포기하지 않고 합격할 때까지 도전하는 도전정신이 내 마음을 사로잡았다. 9수를 하는 동안 윤석열은 인내심을 배웠고, 동기와 후배들은 고시에 합격하는데, 자기만 계속 떨어진다 해서 불안해하지 않았다. 아무리 강한 바람이 불어도 흔들리지 않는 울산바위처럼 자기 자리를 지키며 인생의 기다림을 배웠을 것이다. 그러한 과정이 있었기에 검사로 재직하는 동안 여야 눈치 안 보고 오직 국민만 바라보고 법 집행을 할 수 있었다. 오늘을 만든 건 과거이고, 내일을 만드는 건 오늘이다. 민주당이 망쳐놓은 대한민국을 바로 세우고, 대한민국의 미래를 이끌 새로운 지도자로 윤석열만 한 인물이 없다고 생각했다. 그래서 나는 주저 없이 윤석열 후보를 지지했다.

내가 윤석열 대통령을 높이 평가하는 이유는 윤석열 대통령이 검사 시절, 다른 누군가와 달리 자리를 지키기 위해서 일하는 검사가 아니라, 자리를 걸고 일하는 검사였다는 이유 때문이다. 2013년 8,800건의 국정원 댓글 조작 사건을 (김경수 지사의 드루킹 사건은 8,800만 건의 댓글 조작) 수사하는 과정에서 상급자인 서울지검장의 결재 없이 국정원을 압수 수색하고, 국정원 직원에게 영장을 청구한 일로, 그해 국정감사에서 국회의원들은 윤석열을 힘들게 했다.

검찰은 군대 다음으로 명령 체계가 엄격한 상명하복 조직이다. 상사의 허락 없이 압수수색을 하거나 영장을 청구한다는 건 꿈도 못 꾼다. 그런데 이렇게 중요한 사건을 상사의 결재 없이 자기 마음대로 국정원을 압수수색하고, 영장을 청구했다고 정치인들이 몰아세우자 그는 "나는 사람에 충성하지 않는다"라는 유명한 말을 했다. 이 말 한마디가 윤석열의 모든 것을 말해 준다. 윤석열은 사람에게 잘 보이려고 일하는 검사가 아니라, 오직 나라와 국민을 위해서 일하는 검사였다. 국회에 던진 핵폭탄과 같은 그의 발언은 내 심장을 흔들었다.

그 후 다른 사건을 처리하는 것을 보면, 여야 눈치 안 보고 소신대로 일하는 원칙이 있었다. 그래서 윤석열 후보가 대통령감이라는 걸 깨닫고 고민 없이 지지하게 되었다. 나는 윤석열 정부가 성공한 정부로 역사에 남을 거라는 걸 확신한다.

– 윤석열 후보를 지지하는 기자회견문

오늘(2021. 10. 26) 저희 국민의힘 국회의원 8명 일동은 국민 여러분 앞에서 우리 당 대선후보로 윤석열 후보를 공개 지지합니다. 저희가 윤석열 후보를 지지하는 이유는 분명합니다. 첫째, 윤석열 후보는 이 시대 법치와 공정의 상징입니다. 문재인 정부의 폭압에 맞서 당당히 싸운 주인공입니다. 온갖 의혹과 염문에 싸인 오만방자한 여당 후보 누가 꺾을 수 있겠습니까. 그들을 가장 잘 아는, 그들이 가장 두려워하는 사람이 바로 윤석열 후보입니다. 둘째, 윤석열 후보는 '정권교체'를 이룰 최고의 적임자입니다. 문재인 정부 5년, 무너진 나라의 근본과 파탄 난 민생에 분노하신 국민께서 윤석열 후보를 직접 소환하셨습니다. 우리 국민의힘과 국민 여러분이 가장 어렵고 힘들 때, 정권교체의 희망과 가능성을 일깨워준 사람이 바로 윤석열 후보입니다.

사랑하는 당원 동지 여러분, 지금 우리 당에 필요한 건 국민 눈살 찌푸리게 하는 서로 간의 헐뜯기나 인신공격이 아닙니다. 확실하게 이길 윤석열 후보로 '선택과 집중'을 하는 것이 그 어느 때보다 절실합니다. 윤석열 후보로 똘똘 뭉쳐 힘을 모으고, 또 모아야 정권교체의 열망을 비로소 이룰 수 있습니다. 모든 국민이 내일을 꿈꾸는 '기회의 나라', 법과 원칙이 바로 선 '공정한 나라', 편법과 부정부패 없는 '깨끗한 나라', 윤석열 후보와 함께 만들 수 있습니다. 우리 당이 소중하게 지킨 자유와 민주, 정의와 공정의 가치, 윤석열 후보와 새롭게 이룰 수 있습니다. 존경하는 국민 여러분, 당원 동지 여러분, 윤석열 후보와 함께 공정과 상식이 통하는 새로운 대한민국을 만드는데, 미력하나마 저희부터 힘을 보태겠습니다. 감사합니다.

2021년 10월 26일. 국민의힘 국회의원 8인 일동
(이채익, 박대수, 박성민, 서정숙, 이종성, 정동만, 최춘식, 황보승희)

모든 국민이

I INDEX

1부 I 칼럼에 담긴 이채익의 생각

2부 | 이채익의 면도날 같은 질문

3부 | 국회 본회의 5분 자유발언

I INDEX

4부 I 이채익 의원의 의정활동

5부 I 이채익 의원의 이모저모

A. 대한민국의 파수꾼

B. 울산의 머슴

I INDEX

7부 | 사진으로 보는 이채익 의원의 활약상

1부

칼럼에 담긴 이채익의 생각

세심한 관찰력과 예리한 질문
주민의 목소리를 경청하는 메모의 달인
발로 뛰는 현장 전문가
주민과 소통하고 현장을 확인하는 생활 정치인
실패를 두려워하지 않는 추진력
대한민국의 앞날을 걱정하는 진정성 있고, 진실된 정치인

1. 민선 8기 울산 지방정부 성공을 위한 고언

지난 7월 1일, 민선 8기 울산 지방정부가 새롭게 들어섰다. 김두겸 시장은 인수위 출범 당시 "시민과 함께하는 현장시정"을 공언했다. 정말 잘한 일이다. 시민 목소리에 귀 기울이고 이를 적극적으로 담아가는 현장시정이야말로 모든 위정자의 기본 책무이기 때문이다. 특히 김 시장이 남구청장 재임 시절 일 잘하는 구청장으로 인정받았던 사실을 누구보다 잘 알고 있다. 앞으로 김두겸 시장이 이끌 8기 울산시정의 성공을 바라며 몇 가지 사항을 제언해 드리고자 한다.

첫째, 코로나19 사태와 고금리-고물가-고유가로 피폐해진 민생 회복에 전념해주기를 바란다. 골목상권은 팬데믹 사태로 가뜩이나 붕괴한 데 이어 최근 물가 급등으로 처참하기 이를 데 없다. 윤석열 정부 출범 직후 소상공인 손실보상을 위한 62조 추경안이 통과됐지만, 현실은 여전히 어렵다. 중앙정부의 지원 외에 울산의 현실에 맞는 추가 민생 안정 대책 마련이 시급하다.

둘째, 울산의 잃어버린 도시 활력을 되찾는 데 총력을 기울여야 한다. 울산공업센터 지정 60주년에 들어서는 8기 시정은 울산의 미래를 재설계해야 한다. 산업수도의 명성이 퇴색되지 않도록 신성장 미래성장 동력을 발굴 육성하는 동시에 취약한 문화인

프라를 확충해야 한다. 이는 청년층을 중심으로 한 인구 유출문제에 직면한 울산의 명운이 걸린 문제이기도 하다.

김 시장은 인수위 기간 중 중구 성남동을 방문해 K팝 사관학교 건립을 제시했다. K팝 사관학교는 본 의원이 국회 문화체육관광위원장 재임 당시 전 세계가 열광하는 K-컬쳐의 지속적인 확산을 위해 추진했던 사업이다. 당시 SM, JYP, 하이브 등 160여 개 연예기획사가 소속된 한국매니지먼트연합과 협의를 진행했다.

울산 K팝 사관학교는 울산을 동남권 지역 K팝 문화 인재 육성의 거점으로 성장시킬 수 있는 절호의 기회이다. 또한, 본 의원이 국회 문화체육관광위원장 재임 당시 새롭게 유치한 '울산 글로벌 게임센터'와 '웹툰 캠퍼스'가 곧 첫발을 내디딜 예정이다. 또 지난해 울산은 법정 예비문화 도시에 지정된 데 이어 올해 말 있을 '법정 문화도시' 최종 지정에도 주력해야 한다. 8기 시정에서는 문화 콘텐츠 산업 육성에 최선을 다해 울산을 문화융성 도시로의 초석을 다져야 한다.

셋째, 울산만이 가진 고유한 정체성을 확립해야 한다. 울산시민의 오랜 염원인 '국립산업기술박물관 건립'을 비롯해 '고헌 박상진 의사의 서훈 승격', '반구대암각화 보존을 위한 물 문제 해결' 등은 당면한 시대적 과제이다. 이를 위해서는 김두겸 시장을 비롯해 울산지역의 모든 정치인이 합심해야 한다. 필요하다면 윤석열 대통령을 직접 찾아가서라도 해결해야 한다.

이 모든 것을 위해선 김두겸 시장이 강조한 시민과의 소통이 전제돼야 한다. 듣고 싶은 말만 듣는 시정은 독단이고 오만이라는 사실을 우리 국민들은 지난 정권에서 몸소 겪었다. 무엇보다 지난 대선과 지방선거에서 울산시민들께서 국민의힘을 압도적으로 선택해주신 가장 큰 이유가 바로 여기에 있다는 사실을 한 순간도 잊어서는 안 될 것이다.

위기는 기회의 다른 말이라 했다. 민선 8기 울산 지방정부가 울산이 처한 위기를 기회로 바꿔 울산 재도약을 이끌어 주길 기원한다. 울산의 제2 도약을 위해 'One Team'이라는 한 마음으로 최선을 다해 협력할 것임을 다짐한다. (출처 : 울산매일 2022.07.13.)

2. 박상진 의사 서훈 승격에 울산시민 모두 힘을 모아야!

"항상 의결의 띠를 두르고 나라를 위해 도적을 토벌하고 백성을 위해 더러운 것들을 제거하시다가 도중에 왜구의 손에 무참히 극형을 당하신 울산의 박상진 씨가 제외됨은 참 잘못되었고 끝없이 원통합니다. 당시의 실천한 행동을 보면 상지상(上之上)의 으뜸 서훈으로 봉해야 합니다." 1962년 3월 초, 정부의 독립유공자 선정 명단에서 고헌 박상진 의사가 제외되자 고령 박씨 족친인 박진태 씨가 박정희 국가재건최고회의 의장에게 직접 보낸 서신중 내용이다. 1962년 2월 말, 박정희 정부는 5·16군사정변에 대해 지지 확보 차원에서 3·1절을 계기로 독립유공자 208명의 명단을 발표했다.

당시 1등급인 대한민국장에 18명을 서훈했는데 백범 김구를 비롯해 김좌진, 윤봉길, 안중근, 최익현 등이 선정됐다. 그러나 단 4일간 4차례 회의로 졸속 선정하다 보니 반드시 포함돼야 할 독립운동가들이 빠져 사회적 논란이 거셌다. 위 서신도 같은 맥락에서 이뤄진 것이다. 박 선생은 이듬해인 1963년, 3·1절에 추서된 독립유공자 명단에 포함되었지만 '상지상의 으뜸 서훈'이 아닌 '3등급 독립장'에 추서됐다.

필자는 지난 11월 정부포상을 담당하는 행정안전부 상훈 담당관 및 울산시 등과 회의를 가졌다. 이 자리에서 행안부는 박상진 의사의 상훈을 변경하는 근거를 추가하는 법 개정보다 추가 서훈이 현실적이라고 조언했다. 당시의 공적 심사가 제대로 이뤄지지 않았을 가능성이 크다는 이유에서였다. 이후 국가보훈처와 과거 포상 주무 부처였던 문교부 산하 국사편찬위원회에 심사 관련 자료 일체를 요청했다. 그 결과 공적 조서 및 서신이 1부씩 제출됐다. 겨우 종이 한 장에 불과한 공적 조서에 담긴 박 의사의 공적은 너무나 빈약했다. △1915년 광복단 조직 단장 △1917년 장승원 살해 △1918년 충남 아산군 도곡면장 박용하 살해 지휘 △피체되어 대구형무소에서 사형집행 등 네 가지에 그쳤다.

| 고헌 박상진의사 서훈승격 신청 |

박상진 선생에 대한 정부의 공적 심사가 부실했다는 결정적 증거였다. 부실 심사 외에 박 선생의 공적이 저평가된 배경에는 광복회에 의해 살해된 친일부호 장승원의 셋째 아들 장택상의 입김이 작용했을 것으로 추정하고 있다. 당대 유력 정치인이었던 장택상이 아버지를 암살한 광복회에 원한을 품고 해방 이후 관련

기록을 지우려 했다는 것이다. 미군정 수도경찰청장을 비롯해 이승만 정권의 국무총리, 박정희 군부 시절 자유당 총재 등을 역임한 장택상이 광복회의 재건 및 광복회 기념비 건립을 방해했다는 증언들이 이를 뒷받침하고 있다. 박상진 의사의 공적이 다수 빠진 것을 비롯해 공적이 평가 절하된 정치적 배경을 입증하면 그동안 발굴된 공적으로 서훈을 추가하면 된다. 이미 유관순 열사와 홍범도 장군도 추가 공적으로 1등급 장을 서훈한 바 있다. 국가보훈부와 논의한 결과, 광복절 서훈을 목표로 추진할 계획이다. 우선 2월 말까지 공적 심사 신청을 완료해야 한다. 그동안 새롭게 발굴한 공적을 비롯해 박상진 의사의 공적 재조명이 왜 필요로 하는지를 증명해줄 자료들을 빠짐없이 준비해야 한다.

고헌 박상진 총사령이 이끈 대한광복회는 1910년대 의열투쟁을 전개하여 이후 3·1운동과 항일독립운동을 끌어낸 견인차 구실을 했다. 특히 박 의사의 부친 박시규 선생이 쓴 제문(祭文)에서 중국 및 인도 등에서도 박 의사의 활동이 집중 조명되는 등 민족정기 선양에도 공헌하였다는 내용도 포함돼야 한다. 앞으로 박 의사의 유족들과 추모사업회, 울산시 등과 긴밀하게 협의해 광복절 서훈을 반드시 끌어내려 한다. 이는 대한민국의 올바른 역사관 확립을 위해서라도 기필코 이뤄내야 할 역사적 과제이기도 하다. 울산시민 모두가 박 의사의 서훈 승격을 위해 한마음으로 힘을 모아야 할 때다. 2022년, 울산을 항일 독립운동의 중심 도시로 우뚝 세우는 원년으로 만들자. (출처 : 경상일보 2022.01.18)

3. 정부의 울산 문화도시 선정에 부쳐

울산시가 지역 고유의 문화자원을 활용해 도시브랜드를 창출하고 지역사회·경제 활성화를 지원하는 문화도시 지정의 첫 관문을 통과했다. 문화체육관광부는 지난 2일 울산시가 문화도시 지정을 위한 예비도시에 선정됐다고 밝혔다. 울산은 1년 뒤 법정문화도시로 최종 지정되면 5년간 최대 국비 100억 원을 지원받는다. 지난 8월 말 국회 문화체육관광위원장 취임 후 울산시로부터 문화·예술·체육·관광 분야 현안을 보고받는 자리에서 문화도시 지정의 필요성을 절감했다. 이후 황희 문화체육관광부 장관을 비롯해 담당자들에게 울산 지정의 당위성을 여러 차례 설명했다.

심사 막바지 울산시와 함께 노력한 끝에 다행히 지정에 성공했다. 울산의 문화도시 지정을 위해 발 벗고 뛴 데는 앞으로 문화융성 도시로 변모하는 것이 시대적 과제라고 생각했기 때문이다.

울산은 그동안 자동차, 조선, 석유화학 등 국가기간산업 발전을 주도한 산업수도로 성장해왔다. 그 결과 대한민국 최대의 공업 도시, 산업의 메카, 근대화의 요람이라는 수식어만 있다. 문제는 산업구조가 제조업 중심에서 ICT 등 지식기반 산업으로 재편되면서 울산의 산업 성장 엔진도 식어가고 있다. 울산이 본보기로 삼아야 할 도시가 바로 스페인의 빌바오(Bilbao)다. 빌바오는

19세기 철광석 기반의 중공업 중심지로 성장해 스페인에서 가장 부유한 도시였다. 그러나 1980년대 들어 철강산업이 쇠퇴하

면서 슬럼화됐다. 실업률은 35%에 달했고 45만 명에 육박하던 인구도 35만 명으로 급감했다. 빌바오는 몰락의 늪에서 벗어나는 유일한 방법이 문화산업이라고 판단해 1억 달러를 들여 미술관을 유치했다. 이게 바로 그 유명한 구겐하임 미술관이다. 이후 매년 100만 명 이상의 관광객들이 방문하면서 문화산업 도시로 도약했다. 빌바오 재생 프로젝트의 핵심은 구겐하임 마술관 유치 등 그 지역만이 가진 고유한 특성과 예술성을 담은 '사람과 문화 중심의 도시'로 탈바꿈한 데 있다.

그동안 울산은 울산만이 가진 독특하고 개성적인 문화가 있음에도 이를 창조적으로 발굴하거나 유지하는 정책이 부족했다. 게다가 울산시가 안고 있는 가장 큰 문제인 인구 유출을 막기 위해서라도 '문화융성 도시 울산'은 시대적 소명이다. '탈울산'의 원인은 일자리나 집이 없어서가 아니다. 바로 문화 향유의 부족 때문이다. '2021년 울산광역시 사회조사 결과'에 따르면 시민들의 문화·여가활동에 대한 '만족'이 12.4%에 불과했다. 특히 '만족'

답변은 2018년 36.3%에서 3년 새 23.9%p나 급감했다. 울산시민들은 문화 향유 기반이 매우 열악하다고 느끼고 있다. 과거에는 먹고 사는 것이 중요했다면, 지금은 어떻게 사느냐가 중요하다. 특히 일과 삶, 휴식의 균형인 워라벨을 중시하는 MZ 세대들의 가치관과 코로나19 사태가 맞물리면서 웰니스(Wellness)의 시대가 도래했다. 웰빙, 행복, 건강의 합성어인 웰니스는 바로 문화생활 향유에서 비롯된다.

울산시가 앞으로 문화도시 조성에서 절대 망각하지 말아야 할 것이 있다. 바로 문화의 주체는 '시민'이고, '시민 참여'로 다 함께 만들어 나가야 한다는 것이다. 울산시는 '시민이 직접 만들어 간다'라는 대원칙을 결코 훼손해선 안 될 것이다. 국회 문화체육관광위원장 취임 후 "울산의 문화융성 시대를 끌어내겠다."라고 선언한 것은 울산시의 명운이 걸린 일이라는 생각 때문이었다. 앞으로 울산의 지속 가능한 발전을 위해 '산업 성장 엔진'뿐만 아니라 '문화융성의 날개'를 달아 울산시민 모두가 동등하게 문화 향유 기회를 누릴 날을 꿈꾼다. (출처 : 경상일보 2021.12.09)

4. "민주당, 언론장악 시도 멈추고 국민 목소리 귀 기울여야!"

| UBC 울산방송 인터뷰 |

"언론의 자유를 죽이는 것은 진리를 죽이는 것이다." 언론자유의 경전으로 불리는 『아레오파지티카(Areopagitica)』의 저자 존 밀턴이 한 말이다. 그는 거짓과 진리가 '사상의 자유시장 『아레오파지티카』'에서 맞붙으면 필연적으로 진실이 승리한다고 주장했다. 표현의 자유는 어떤 자유나 인권보다 중요한 천부적 인권이라고 강조한다. 거짓 의견이라도 시장에 공개될 기회를 사전에 검열하고 억제하는 것은 진리확인 기회를 막는 민주주의의 '악(惡)'이라 했다.

최근 더불어민주당의 언론중재법 강행 처리를 둘러싸고 좌와 우, 진보와 보수, 국내외 할 것 없이 강한 우려와 반대 견해를 밝히고 있다. 집권 여당은 가짜뉴스, 허위보도를 한 언론사에 손해액의 5배까지 배상 책임을 지우는 '징벌적 손해배상' 도입이 피해자 구제를 위한 것이라 강조한다. 또한, 이는 공정한 언론생태계를 조성하는 언론개혁의 첫걸음이라 주장한다. 반면,언론에 대한 징벌적 손해배상은 언론을 억압하고 위축시키는 반민주적 악법이라는 비판이 거세다. 정권에 대해 비판 보도를 하는 언론사를 향한 '탄압'이자 '협박'이 본질이라는 것이다. 결국, 존 밀턴이 말한 '사상의 자유시장'이 보장된 민주주의 체제가 붕괴하고 '사상의 전체주의화'가 굳어진 독재 국가가 될 위기에 직면해 있다는 것이다.

미국 기자협회(SPJ) 국제 커뮤니티 댄 큐비스케 공동 의장은 "독재 국가가 아닌 민주주의 국가에서 이런 일은 첫 사례"라며 극도의 실망감을 표명했다. 게다가 민주당은 '피해자 구제'라는 명분을 논하기에 앞서 민주적 절차를 훼손했다. 민주주의는 결과가 아닌 절차와 과정을 통해 성취된다. 그런데도 여당은 거대 의석을 앞세워 여야 합의 없이 강행 처리하는 반민주적 절차를 자행했다. 소관 상임위였던 문화체육관광위원회에서 민주당은 야당의 유일한 견제장치인 안건조정위원회를 무력화시켰다.

안건조정위는 여야 3대3 동수로 구성해 최장 90일간 숙의토록 함으로써 거대 여당의 입법 독주를 막는 최소한의 장치이다. 그런데 여당은 '무늬만 야당'인 김의겸 열린민주당 의원을 야당 몫 조정위원으로 선임해 단 하루의 숙의 기간도 없이 여당 단독으로 처리했다.

민주당은 언론중재법에 찬성하는 국민 여론이 80%라는 명분을 내세웠다. 하지만 해당 조사 문항을 보면 '허위·가짜 뉴스를 제재해야 하는가'란 도덕적 정당성만 물었다. 정권에 비판적인 언론을 위축시키는 부작용은 전혀 언급하지 않았다. 한쪽으로 응답을 유도하는 질문을 해 놓고 그 결과를 국민 여론이라 호도한 것이다. 집권 여당의 언론중재법 처리는 절차와 명분 모두 민주주의 핵심 가치를 훼손했다. 민주당의 우려와 달리 우리나라 민·형사법제에는 허위 사실과 명예훼손에 대한 처벌 규정이 이미 마련돼 있다. 그런데도 왜 민주당은 국내외 거센 비판 여론을 무릅쓰고 강행 처리에 나설까?

영국 시사주간지 '이코노미스트'는 글로벌 금융위기 이후 민주주의가 후퇴하는 나라들을 네 가지 단계로 규정했다. 언론장악, 선거법 개정으로 집권체제를 견고히 하는 마지막 4단계에 이르면 더는 민주주의 국가라 부를 수 없다고 분석했다. 결국, 언론개혁을 가장한 언론장악 시도는 민주주의가 무너지고 장기 집권 독재 국가로 가는 지름길이다. 이와 같은 민주주의 붕괴 우려가 한낱 기우에 그치기를 바랄 뿐이다. 8월 마지막 국회 본회의에서 강행 처리하려던 여당은 야당과 협의체를 구성해, 한 달간 추가 논의키로 합의했다. 일단 극적인 합의로 정국 급랭의 위기는 모면했지만, 인식의 간극은 여전하다. 민주당은 세상에 비밀은 없고 언젠가 진실은 드러난다는 불변의 법칙을 잊지 말기를 바란다. 그동안 친여 성향으로 분류됐던 정당과 단체들이 이념과 정파를 넘어 언론중재법에 왜 한목소리로 반대하는지 되돌아보기를 바란다.

가짜뉴스 근절 목적을 달성하려면 인터넷 개인 미디어를 포함한 종합대책을 원점에서 수립해야 한다. 최근 정치적 목적이나 자극적인 콘텐츠로 벌이를 하려는 유튜브에서 가짜뉴스가 확대 재생산되고 있다. 가짜뉴스의 온상지인 1인 미디어를 제외하고 언론에만 재갈을 물게 해선 안 된다. 언론 및 표현의 자유를 위축시키는 과잉 입법으로 국민의 알 권리를 침해하는 독소 조항들도 제거돼야 한다. 국난극복을 위해 분열과 단절이 아닌 소통과 화합이 절실하다. 여의도 정치권이 앞장서야 한다. 그것이 시대적 과제이자 책무이다. 한 달간 여야가 자기 목소리를 내기보다는 언론중재법에 반대하는 국민의 목소리에 귀 기울여야 한다. 게다가 진정으로 국민을 위한 정치를 하겠다고 나섰다면 민생 회복이 최우선 과제여야 한다. 오직 민생 안정을 위해 여야가 머리를 맞대고 두 손을 맞잡아야 한다. (출처 : 울산매일. 2021.09.02.)

5. 순국 100주년 박상진 의사의 애국애족 정신을 기리며

'두 번 다시 태어나기 어려운 이 세상에 / 남아 대장부로 태어나는 행운을 얻었건만 / 이룩한 일 하나도 없이 저승길 나서려니 / 청산은 날 조롱하고 물길조차 비웃는 것 같구나'

항일독립운동단체 대한광복회 총사령 박상진이 1921년 8월 11일, 36살의 나이로 일제에 사형당하기 직전 남긴 유시(遺詩)다.

이 시에는 자신의 모든 것을 던져 조국 독립에 힘썼지만, 끝내 이루지 못한 선생의 안타까움이 묻어 있다. 8월 11일, 순국 100주년을 맞이한 고헌 박상진 의사는 1884년 울산에서 대대로 관료를 배출한 양반 가문에서 태어났다. 선생은 1910년 판사 시험에 합격해 평양법원에 발령받았으나 식민지의 관리는 되지 않겠다며 판사직을 사임했다. 판사직 사임 후 만주에서 중국 신해혁명을 목격하고 혁명의 필요성을 절감했다. 1912년 귀국한 선생은 대구에 '상덕태상회'를 설립했다. 겉으로는 곡물상으로 위장했지만, 실제는 독립운동기지와 독립자금조달기관이었다. 그리고 1915년 7월 풍기광복단과 제휴해 대한광복회를 조직하고 총사령을 맡게 됐다.

이후 대한광복회는 전국적으로 조직을 확대해 나갔다. 단체의

운영자금은 자산가들의 의연금으로 충당하려 했지만, 친일 부호 세력들은 헌납 권유를 거절했다. 이들은 심지어 일본 경찰에 밀고까지 했다. 이에 선생은 광복회 명의로 포고문을 작성하고 친일 부호 명단을 내렸다. 광복회는 1917년 경북 칠곡군의 부호 장승원을 처단하고 1918년 충남 아산군 도고면 면장 박용하를 처단했다. 이때 처단 고시문을 붙여 친일 세력들에게 경고함은 물론 광복회의 이름을 만천하에 알렸다. 1918년 광복회 조직이 일경에 발각되고 선생도 체포됐다. 이후 선생은 사형을 선고받고 1921년 대구형무소에서 순국했다. 이후 광복회는 일제 탄압으로 와해했다. 하지만 대한광복회의 항일 의열투쟁은 일제 폭압에 신음하던 우리 민족에게 독립의 희망을 잃지 않게 해주었다. 그 명맥이 의열단 등으로 이어져 독립운동은 계속될 수 있었다.

고헌 박상진 의사는 독립운동 역사에 빼놓을 수 없는 인물임에

도 잘 알려지지 않았다. 선생은 평소 친동생처럼 지내던 김좌진 장군을 부사령으로 임명한 뒤 만주로 보내 청산리전투를 이끌게 했다. 선생의 안목이 없었다면 청산리대첩도 없었을 것이다.

그런데도 김좌진 장군은 알아도 박상진 의사는 모르는 게 현실이다. 김좌진 장군은 서훈 1등급의 '대한민국장'을 받았지만, 박상진 의사는 가장 낮은 3등급인 '독립장'을 받았다. 박상진 의사의 공적이 저평가됐다는 문제가 제기돼 서훈 승격이 추진됐으나 상훈법 상등급 조정에 대한 법적 근거가 없어 법 개정이 필요한 상황이다. 상훈법 개정에 지역 국회의원들이 발 벗고 나서야 한다.

무엇보다 승격 상향을 위한 국민 여론 조성이 우선돼야 한다.

'독립장'이 수여된 유관순 열사의 경우 서훈 상향을 열망하는 국민 여론이 확산했다. 이에 2019년 보훈처는 유관순 열사에 '대한민국장'을 추가 서훈했다. 하지만 박상진 의사에 대한 국민의 인지도는 전국 1% 미만, 울산 17%로 여전히 낮은 상황이다. 선생에대한 추가 공적 발굴 및 대국민 홍보가 조속히 이뤄져야 한다.

박상진 의사의 독립운동에서 최악의 한일관계에 대한 해법도 찾아볼 수 있다. 선생은 '의병운동'과 '계몽운동'을 통합해 광복회를 조직했다. '의병운동'은 무력투쟁으로 외세를 몰아내는 것이다. 반면 '계몽운동'은 교육으로 민족의 실력을 양성해 국권을 회복하자는 것이다. '의병운동'이 적과 '단절'하는 것이라면 '계몽운동'은 적과 '동행'하는 것이다. 선생은 어느 한 극단으로 치우친 반쪽 전략만으로는 일본을 이길 수 없다는 점을 깨닫고 양대 전략을 구상했다. 문재인 정부는 지나친 반일감정을 앞세워 '단절'이라는 감정적 대응에만 치우쳐있다. 이는 책임 있는 정부의 자세가 아닐뿐더러 국론분열로 인한 반사이익을 정치적으로 이용하는 것이란 비판도 있다.

지금의 반일감정만으론 일본을 넘어설 수 없다. 외교적 고립과 분쟁만 자초할 뿐이다. 맹목적인 '단절'이 아니라 필요하다면 '동행'도 선택해야 한다. 국익을 위한 경제·안보 측면의 '동행'이 더 강한 대한민국을 만들 수 있다. 이로써 일본을 극복해야 한다.

박상진 의사에 대해 공적을 재조명하고 그에 걸맞은 보훈과 예우를 갖추는 것은 국가의 책무이자 민족의 뿌리를 견고히 다지는 일이기도 하다. 1991년 초대 울산 시의원 시절부터 고헌 박상진 의사 추모사업회 총무이사로 선생의 공적 재조명에 힘 써왔다. 하지만 매년 광복절 전후로 반짝 관심이 집중되다 흐지부지 됐다. 박상진 의사의 재조명에는 다름 아닌 울산시민들이 나서야 한다. 지역 정치인을 비롯해 오피니언 리더도 앞장서야 한다. 고헌 박상진 의사의 숭고한 애국애족 정신을 기리는 일은 대한민국과 울산의 정통성을 공고히 다지는 일이기 때문이다. (출처 : 울산매일 2021.08.09)

6. 첫 단추부터 잘못 끼운 자치 경찰, 시급히 보완해야!

지난 1일, 자치 경찰 시대가 개막되었다. 1945년 창설 이후 76년 만에 맞는 경찰의 가장 큰 변화다. 자치경찰제는 국가가 독점하던 경찰의 지휘·감독권을 경찰청과 지방자치단체가 나눠 갖는 제도다. 자치 경찰은 지역 내 생활 안전, 아동·여성·청소년 보호, 학교폭력, 성폭력 예방 등 주민 일상생활과 밀접한 치안 업무를 담당한다. 자치경찰제가 뿌리내리면 행정절차 간소화는 물론 지역 맞춤형 치안서비스를 제공할 것이라는 기대감도 있다. 하지만 기대보다는 우려가 앞선다. 민생 치안의 문제에 정치 논리가 개입돼선 안 되지만, 벌써 정치권력 개입 비판이 곳곳에서 제기되고 있다. 우선 권력기관 개혁이라는 정치적 목적이 우선돼 졸속 시행됐다. 문재인 정권은 검찰개혁을 내세워 검찰 수사권을 경찰로 이양했다. 그 결과 비대해진 경찰 권력을 분산한다는 명목으로 자치경찰제를 서둘러 도입했다.

그러나 무늬만 자치경찰제라는 비판이 크다. 현재의 자치경찰제도는 지방자치 경찰 사무를 국가경찰인 시도경찰청장이 대신 수행하는 구조로 되어 있다. 이는 지방자치의 원리에 근본적으로 반하는 데다 자치 경찰을 하는 어떤 나라에서도 찾아볼 수 없는 구조다. 또한, 자치 경찰을 운영하는 시도자치경찰위원회 구성을 지자체가 맡다 보니 위원회 구성에 지자체장이나 시도의회의 입

경상일보

2021년 7월 8일 목요일 015면 오피니언

특별기고

첫 단추부터 잘못 끼운 자치경찰, 시급히 보완해야

이채익
국회의원(울산 남갑)

자치경찰위원회 구성 편향성 논란에

경찰청장에 인사·감사권 위임도 문제

제도 취지에 맞게 근본적인 손질 필요

지난 1일, 자치경찰 시대가 개막되었다. 1945년 창설이후 76년 만에 맞는 경찰의 가장 큰 변화다.

자치경찰제는 국가가 독점하던 경찰의 지휘·감독권을 경찰청과 지방자치단체가 나눠 갖는 제도다.

자치경찰은 지역 내 생활안전, 아동·여성·청소년 보호, 학교폭력, 성폭력예방 등 주민 일상생활과 밀접한 치안 업무를 담당한다. 자치경찰제가 뿌리내리면 행정절차 간소화는 물론 지역 맞춤형 치안서비스를 제공할 것이라는 기대감도 있다.

하지만 기대보다는 우려가 앞선다. 민생 치안의 문제에 정치 논리가 개입돼선 안 되지만 벌써부터 정치권력 개입 비판이 곳곳에서 제기되고 있다.

우선 권력기관 개혁이라는 정치적 목적이 우선돼 졸속 시행됐다. 문재인 정권은 검찰개혁을 내세워 검찰 수사권을 경찰로 이양했다. 그 결과 비대해진 경찰 권력을 분산한다는 명목으로 자치경찰제를 서둘러 도입했다.

그러나 무늬만 자치경찰제라는 비판이 크다. 현재의 자치경찰제도는 지방자치경찰사무를 국가경찰인 시도경찰청장이 대신 수행하는 구조로 되어 있다. 이는 지방자치의 원리에 근본적으로 반하는 데다 자치경찰을 실시하는 어떤 나라에서도 찾아볼 수 없는 구조다. 또한 자치경찰을 운영하는 시도자치경찰위원회 구성을 지자체가 맡다보니 위원회 구성에 지자체장이나 시도의회의 입김이 작용하고 있다.

7인으로 구성된 자치경찰위원회는 각 시도 소속 합의체 행정기관으로 자치경찰 정책 수립과 인사·감사·예산 등 주요 행정사무는 물론 국가경찰 사무와 협력·조정을 총괄하는 기구이다.

따라서 자치경찰위원회의 정치적 중립성을 확보하는 것이 자치경찰 제도의 성공적 안착에 가장 중요한 관건이다.

하지만 전국 시도에서 자치경찰위원회 구성을 둘러싼 논란이 거세게 일었다. 위원장 및 위원이 지자체장이나 시도의원 측근으로 임명돼 편향성 시비도 불거졌다. 울산시도 여야 합의를 깨고 민주당이 시의회 추천 2명 몫을 단독으로 처리했다. 지난 지방선거에서 지방권력을 싹슬이 한 민주당이 시도 자치경찰위원회도 싹슬이하고 있다는 비판도 제기됐다.

또 위원 가운데 경찰 출신이 많아 중립성 문제도 지적됐다. 경찰 출신이 자치경찰위원회를 이끌면 과거 경찰청 지시를 받던 것과 차이가 없다.

이와 같은 논란을 해소하기 위해선 시도 자치경찰위원회의 정치적 독립성이 담보될 수 있도록 감시체계를 구축해야 한다. 또 자치경찰위원회의 위원장 및 위원은 지방의회의 인사청문회를 거치도록 하고, 경찰 출신의 비중과 역할도 제한하는 등 국회 차원의 보완입법 추진도 검토할 계획이다.

현재로서는 지방자치단체가 자치경찰위원회를 상대로 인사권과 감사권을 직접 행사할 수 없다. 경찰청장에게 인사권과 감사권이 위임됐기 때문이다. 진정한 자치경찰제를 시행하기 위해선 위임된 인사권과 감사권을 지자체에 돌려줘야 한다는 게 중론이다.

특히 법에서는 시도 자치경찰위원회 구성에서 특정 성(性)이 60%를 초과하지 않도록 노력하도록 되어 있다. 하지만 16개 시도 자치경찰 위원의 80% 이상이 남성에 달하는 점도 개선되어야 할 문제이다.

게다가 서울, 경기 등 수도권과 달리 재정자립도가 낮은 지방의 경우 예산부족으로 지역간 치안서비스의 빈익빈 부익부 현상도 우려된다. 재정자립도가 낮은 지자체는 부족한 예산을 보조해 주는 방법도 검토해야 한다.

자치경찰의 첫단추부터 잘못 꿰어졌다. 더 큰 혼란과 문제가 발생하기 전에 근본적인 손질이 시급하다. 자치경찰 도입의 궁극적 목적은 수사와 치안을 강화해 국민을 안전하게 보호하는 것임을 망각해선 안 될 것이다.

김이 작용하고 있다. 7인으로 구성된 자치 경찰위원회는 각 시도 소속 합의체 행정기관으로 자치 경찰 정책 수립과 인사 · 감사 · 예산 등 주요 행정사무는 물론 국가경찰 사무와 협력·조정을 총괄하는 기구이다. 따라서 자치 경찰위원회의 정치적 중립성을 확보하는 것이 자치경찰제도의 성공적 안착에 가장 중요한 관건이다.

하지만 전국 시도에서 자치 경찰위원회 구성을 둘러싼 논란이 거세게 일었다. 위원장과 위원이 지자체장이나 시도의원 측근으로 임명돼 편향성 시비도 불거졌다. 울산시도 여야 합의를 깨고 민주당이 시의회 추천 2명 몫을 단독으로 처리했다. 지난 지방선거에서 지방 권력을 싹쓸이한 민주당이 시도자치경찰위원회도 싹쓸이하고 있다는 비판도 제기됐다. 또 위원 가운데 경찰 출신이 많아 중립성 문제도 지적됐다. 경찰 출신이 자치 경찰위원회를 이끌면 과거 경찰청 지시를 받던 것과 차이가 없다. 이와 같은 논란을 해소하기 위해선 시도자치 경찰위원회의 정치적 독립성이 담보될 수 있도록 감시체계를 구축해야 한다. 또 자치 경찰위원회의 위원장과 위원은 지방의회의 인사청문회를 거치도록 하고, 경찰 출신의 비중과 역할도 제한하는 등 국회 차원의 보완 입법 추진도 검토할 계획이다.

현재로서는 지방자치단체가 자치 경찰위원회를 상대로 인사권과 감사권을 직접 행사할 수 없다. 경찰청장에게 인사권과 감사권이 위임됐기 때문이다. 진정한 자치경찰제를 시행하기 위해선 위임된 인사권과 감사권을 지자체에 돌려줘야 한다는 게 중론이다. 특히 법에서는 시도자치 경찰위원회 구성에서 특정 성(性)이 60%를 초과하지 않도록 노력하게 되어 있다. 하지만 16개 시도 자치 경찰위원의 80% 이상이 남성에 달하는 점도 개선되어야 할 문제이다. 게다가 서울, 경기 등 수도권과 달리 재정자립도가 낮은 지방의 경우 예산 부족으로 지역 간 치안서비스의 빈익빈 부익부 현상도 우려된다. 재정자립도가 낮은 지자체는 부족한 예산을 보조해 주는 방법도 검토해야 한다. 자치 경찰의 첫 단추부터 잘못 끼우어졌다. 더 큰 혼란과 문제가 발생하기 전에 근본적인 손질이 시급하다. 자치 경찰 도입의 궁극적 목적은 수사와 치안을 강화해 국민을 안전하게 보호하는 것임을 망각해선 안 될 것이다. (출처 : 경상일보 2021.07.08)

7. 옥동 군부대 이전 사업의 원활한 추진을 기대하며

지난 60년간 도심 속에 위치하고 20년 동안 추진해오던 울산광역시의 최대 숙원사업인 옥동 군부대 이전 사업이 가시화되고 있다. 사업계획이 구체화 될수록 군부대 부지 개발에 대해 기대와 함께 이전예정지 주변 주민들의 다양한 목소리가 나오고 있다. 이와 관련해 필자는 옥동 군부대 이전 사업이 많은 시민의 참여와 의견수렴을 거쳐서 합리적으로 진행되길 기대한다. 국방부는 국방개혁 2.0을 통해 새로운 안보 상황에 적극적으로 대응하고, 효율적이고 강한 군대를 만들고자 한다. 이러한 국방개혁 2.0에 따라 울산지역방위를 담당하는 군부대의 구조와 편제도 개편되고 주둔지역 또한 변경될 수밖에 없는 상황이다. 이를 실현하기 위한 첫 번째 단추가 군사시설 이전 통합이며, 국방부와 울산광역시는 국방개혁과 지역발전이라는 각각의 목적을 달성하기 위하여 군부대 이전 공동협의체를 구성하여 군사시설 이전을 추진하고 있다.

울산광역시는 도심 내에 있는 군부대가 외곽으로 이전되고 나면 군부대 부지에 도로와 공원 등 다양한 기반시설과 공공문화시설을 건립하고, 이전사업비 회수를 위해 일부 부지는 택지로 계획하여 도심에 새로운 활력을 불어넣겠다는 구상을 하는 것으로

예산
연설문
산업부
한수원
한전
원자력
학회
원전의
안전성
신재생
풍력
태양광
원자력
업계동향
국가
안보
이 채 익

알고 있다. 본 계획이 차질 없이 추진될 수 있도록 필자도 국회국방위원회 위원으로서 적극적인 지원을 아끼지 않을 생각이다.

이와 관련해 옥동 군부대 이전 사업의 당위성과 관련하여 몇 가지 제언하고자 한다.

첫째, 옥동 군부대가 울산의 남은 금싸라기땅이라는 점이다. 그렇기에 절대 개인의 이익이 아닌 공익우선원칙을 갖고 울산광역시와 국방부가 개발해 나가야 한다. 지난 2014년 7월 본 의원이 부대 이전 필요성을 국방부에 건의함으로 하여 2015년 5월, 국방부와 산림청 간 부지 맞교환 합의, 2015년 8월 기획재정부 토지사용 승인, 그리고 2016년 12월 주민 대토론회에 이은 국방부와 울산시청과의 수십 차례 실무협의 등 다양한 논의과정을 거쳐 이제 옥동 군부대 이전 사업은 이미 시작되었다고 해도 과언이 아닌 만큼 차질없이 관련 절차를 진행해 나가야 한다.

둘째, 지난 60년 동안 너무나 많은 시간을 옥동 주민들이 기다려왔다. 이제는 속도감 있게 향후 남아있는 과정들을 추진해 나가야 한다. 군부대 이전 사업 방식은 국방부에서 직접 재정사업으로 추진하거나, 국방부와 지자체가 협약을 맺어 추진하는 기부대양여사업이 있다. 이 중 옥동 군부대는 기부대양여사업으로 추진할 계획인데, 관련 사업이 원활하게 추진될 수 있도록 이제는 모두가 함께 힘을 모아야 할 시점이다.

셋째, 옥동 군부대 부지는 옥동 주민들의 충분한 의견수렴 후

개발이 진행되어야 한다. 지난 2016년 국회 용역보고에 따르면 옥동 군부대 부지 활용방안으로 교육문화, 복지 그리고 주거상업 기능이 우선으로 검토됐고, 지하 공간의 효율적 활용과 주민 수요를 고려해 주차장 기능을 도입해야 하는 것으로 검토됐다. 특히, 옥동 군부대 주변은 이면 주차 등으로 주차난이 심각한 상황으로 지하 공간을 활용한 주차장과 공원 조성으로 주민 삶의 질 제고가 필요한 사항이다. 이러한 점을 고려해서 옥동 주민을 비롯한 울산시민들이 공감할 수 있는 새로운 공간으로 탈바꿈시킬 수 있어야 한다. 조금씩 양보하는 마음으로 협력하여 울산광역시의 오랜 숙제인 군부대 이전 사업이 조속히 마무리되어 울산이 한 단계 더 발전하는 계기가 마련되기를 기대해본다. (출처 : 경상일보 2020.11.22)

8. 지역 숙원사업 결실에 대한 소회

'열매는 달지만, 인내는 쓰다'라는 말이 있다. 어떤 일이든 열매를 맺기 위해서는 매우 어려운 과정을 거쳐야 한다는 뜻이다.

땅을 고르고 씨를 뿌린 뒤 물과 영양분을 주고 잡초를 뽑고 가지 글 치는 등 짧지 않은 시간 동안 정성껏 공을 들여야 맛있는 사과 하나, 배 하나를 얻는다. 우리 사회의 현안과 숙원사업들을 해결하는 과정도 앞서 말한 자연의 이치와 별반 다르지 않다. 하늘에서 뚝 떨어지는 열매가 없듯, 우리 사회의 복잡한 문제들도 갑자기 이미 해결되지는 않는다. 2019년 1월 29일 지역사회가 들썩였다.

오랜 울산광역시의 숙원사업인 '울산외곽순환고속도로'와 '산재공공병원'의 예비타당성조사가 면제되었다. 울주군 두서면에서부터 북구 강동동까지 총연장 25.3km, 왕복 4차로로 건설되는 외곽순환고속도로는 침체된 울산경제의 활성화를 위해 필요한 사업이다.

총사업비 8,964억 원에 달하는 이 사업은 9,053명의 일자리 창출 효과와 2조 115억 원에 달하는 생산 유발 효과까지 가져올 것으로 예상한다. '산재 공공병원' 역시 광역시 중 유일하게 공공종합병원이 없는 울산에 필요한 의료인프라다. 지역 내 대규모 화학단지, 공장 등이 들어서 있는 만큼, 대형 복합재난에 대비한 응급의료체계 구축과 의료공공성 강화도 반드시 성사시켜야 하는 과제이다. 총사업비는 3,550억 원 수준이다.

필자는 지난 7년 동안 국회의원으로 일하면서 '울산 외곽순환고속도로' 건설과 '산재 공공병원' 설립을 위해 힘써왔다. 지난 정부 시절이던 2014년은 울산 외곽순환고속도로가 '국책사업'으로 첫발을 내디딘 해였다. 당시 필자는 국회 예산결산특별위원회 소속 위원으로서 최경환 경제부총리(기획재정부 장관)를 만나 울산 외곽순환고속도로의 예타대상사업 포함의 필요성과 당위성을 적극적으로 설명한 바 있다. 마침내 2014년 11월 30일 울산 외곽순환고속도로는 예타 대상에 포함되며 국비 사업으로서 새로운 전기를 맞게 됐다.

산재 공공병원 역시 필자는 2013년 7월 산재모병원 건립사업의 기재부 예타신청 이후 2015년 1월 23일 국회에서 산재모병원 KDI예타 진행 상황 점검, 2016년 11월 1일 20대 국회 첫해 국회 예산결산특별위원회 회의에서 '산재모병원 건립' 사업비 예산 반영을 공식적으로 요구하는 등 지속적인 노력을 펼쳐왔다.

또한, 지난해 10월 26일 열린 울산광역시 국정감사의 감사반장으로 울산 외곽순환고속도로 문제를 해결하는데 국회 차원의 관심과 힘을 보탰으며 같은 해 11월 9일 국회 예결위에서 울산 외곽순환고속도로 기본설계비 100억 원과 울산 공공병원 건립 기본 및 실시설계비 250억 원의 반영을 요청한 바 있다. 필자뿐만 아니라 울산지역 국회의원들도 울산 외곽순환고속도로와 산재공공병원 설립에 많은 힘을 보탰다.

이처럼 울산 외곽순환고속도로와 울산 산재 공공병원의 예타 면제는 하루아침에 하늘에서 뚝 떨어진 열매가 아니다. 수년 동안 울산광역시민과 지역 정치권이 합심하여 땅을 고르고 씨를 뿌리고 물과 영양분을 주며 공들여온 시간과 노력의 결실이다. 누구든 혼자서 다 일구어낸 듯 홍보할 일이 아님은 분명하다. 두 사업의 '예타 면제'는 이제 시작이다. 도로가 놓이고 병원이 들어설 때까지 긴장의 끈을 놓지 말고 다시 힘을 모으자고 서로를 독려해야 한다. 비로소 울산 외곽순환고속도로와 산재 공공병원이 온전히 들어서는 날, 정치권이 서로의 손을 잡고 만세가 부를 수 있길 진심으로 바란다. (출처 : 경상일보 2019.08.13)

삼호·태화동 송전선로 지중화사업 등 5개 사업
지역주민 숙원사업 추진상황 설명회
울산광역시 일시 2019. 3. 8.(금) 16:40 장소 삼호동행정복지센터 3층 대강당

9. 울산의 호국영웅 '1家 4형제'를 아시나요?

현충일과 6·25 전쟁이 있는 호국보훈의 달 6월도 어느새 며칠 남지 않았다. 호국보훈은 '나라를 보호하고 지키고, 공훈에 보답한다'라는 의미가 있다. 다시 말해 나라를 위해 자신의 목숨과 마음을 바친 호국영웅들을 기리고 정신을 계승하자는 뜻이다. 울산광역시에는 한없는 존경과 감사를 드려야 할 호국영웅이 많이 계시지만, 아직 많이 알려지지 않은 특별한 사연을 소개해보고자 한다. 바로 '국가 유공 4형제' 이야기다. '국가 유공 4형제'는 대한민국에서 유일하게 6·25전쟁과 월남전쟁에서 나라를 위해 고귀한 생명을 바친 한 가족 4형제를 말한다.

울산광역시 남구 신정동에서 태어난 4형제는 이재양·류분기 씨 부부의 자녀 6형제 중 장남 故 이민건(육군 하사), 차남 故 이태건(육군 상병), 삼남 故 이영건(육군 상병), 막내 故 이승건(해병 중사)이다. 장남과 차남, 삼남은 6·25전쟁에서, 막내는 월남전에서 각각 전사했다. 6·25전쟁에서 전사한 세 형제는 1950년 8월 15일 함께 입대했다. 장남과 차남은 1951년 금화지구와 철원지구에서 잇따라 전사했고, 삼남은 현재까지 언제 어디서 전사하였는지 확인되지 않고 있다. 막내아들은 1964년에 해병대에 입대해 청룡부대원으로 베트남전쟁에 참여했다가 꽝나이 지구에서 전사했다. 아버지는 6·25전쟁에서 세 형제가 전사했다는 통지서를 받고 몇 년 뒤 화병으로 사망하셨으며, 어머니도 막내아들이 월남에서 전사했다는 소식을 들은 뒤 병상에 누웠다가 6년 뒤 세상을 떠나셨다. 정부는 1971년 전장에서 산화한 네 아들의 숭고한 정신을 기리고 어머니를 위로하고자 故 류분기 씨에게 보국훈장 천수장을 수여했다.

'국가 유공 4형제'의 유가족 중 현재 살아계신 분은 4남 이부건(1939년생) 어르신뿐이다. 이부건 어르신께서는 '국가 유공 4형제'의 이름이라도 기억해 주길 바라는 마음으로 1997년부터 자비로 추모제를 시작하셨다. 이후 추모제는 국가보훈처 등의 지원을 받으면서 공식 보훈 행사로 인정받으며 이부건 어르신의 노력이 결실을 보게 됐다. 울산광역시와 울주군에서는 2007년 4형제의 숭고한 희생을 기리고자 충효정을 건립해 유족을 위로하고 후세들이 호국정신을 계승할 수 있도록 하는 교육의 장으로 활용하고 있다. 또 매년 현충일(6월 6일)에는 울주군 두동면 국가 유공 4형제 전사자 위령비 앞에서 '국가 유공 4형제 전사자 합동 추모제'를 개최하고 있다. 현재 국가 유공 4형제 추모사업회는 지난 2005년 국가보훈처에 등록된 이래 박형준 대표와 150여 명의 회원이 4형제 전사자 묘역 정비, 공적비 건립, 추모제 등 활동을 이어오고 있다.

이뿐만 아니라 울산의 국악공연단체 '국악동인 휴'는 지난해 9월 국가 유공 4형제의 눈물겨운 이야기를 담은 '거룩한 형제'라는 제목의 뮤지컬을 제작해 초연했다. '거룩한 형제'는 지난해

"어머니 가슴에 꽃 핀
4형제의 노래"
뮤지컬
거룩한
형제

12월 2차 공연을 진행했고, 오는 6월 29일 오후 3시와 6시 두 차례에 걸쳐 울산문화예술회관 소공연장에서 공연될 예정이다. 많은 시민께서 찾아주셨으면 한다. '1가 국가 유공 4형제'처럼 울산은 예로부터 국가가 어려움에 부닥칠 때마다 호국을 위해 앞장서 왔다. 그러나 울산시민들이 이처럼 자랑스러운 역사와 숭고한 희생에 대해 잘 알고 있다고 말하기는 어렵다. 현재 울주군의 노력으로 '국가 유공 4형제' 추모제가 잘 진행되고 있지만, 120만 울산시민 모두가 이분들을 기억했으면 하는 마음에서 울산광역시가 '국가 유공 4형제' 합동 추모제를 직접 주최했으면 하는 바람이 있다.

'국가 유공 4형제'는 울산만의 호국 역사와 정체성을 갖는 만큼 충분히 추모제를 주최를 고려할 수 있다고 본다. 또 국가 유공 4형제의 이야기를 통해 모든 국민이 애국심을 고취할 수 있도록 하는 '호국 교육장'을 설립하는 것도 필요하다. 국가보훈처 등 정부 기관과 지자체의 관심과 지원해야 할 것이다. 필자도 국회의원으로서 필요한 역할을 다할 것이다. 필자의 바람대로 될 수 있다면 '국가 유공 4형제'가 우리나라를 대표하는 '호국 가문'으로 자리매김할 수 있지 않을까? 머지않아 그날이 오길 바란다.(출처: 울산매일 2019.06.24.)

10. 한반도 평화 · 공존 시대를 위한 제언

'우리의 소원은 통일' '통일 대박' '한반도 평화 프로세스' 등 한반도의 평화·통일은 정권과 시대를 막론하고 분단 이래 최대 이슈가 되어왔다. 문재인 정부는 출범과 동시에 '한반도 운전자론'을 펼치며 지난 2년여 동안 남북관계 개선에 심혈을 기울였다. 그 결과 3차 남북정상회담과 2차 북미 정상회담이 열리기도 했다. 그러나 남북관계는 여전히 냉탕과 온탕을 오가고 있다. 지난 2월 많은 기대를 모았던 2차 북미 정상회담은 '비핵화'를 둘러싼 서로의 완강한 견해차만 확인한 채 성과를 거두지 못했다. 일부 전문가들은 우리 정부가 체계적이고 치밀한 준비 없이 '톱다운' 방식의 평화에만 의존한 결과라고 분석하고 있다. 60년 이상 분단돼 살던 남과 북이 정상 간 몇 차례 악수했다고 해서 우리가 원하는 비핵화에 기반을 둔 평화가 오리라고 기대하긴 힘들다.

문재인 정부는 '한반도 평화'를 정권 성공의 도구로 여기면 안 된다. 짧은 임기 내 성과를 내려고 조급해할수록 무리수를 둘 가능성이 크다. 시간이 걸리더라도 지구상 유일한 분단국가인 남과 북이 항구적이고 미래지향적인 평화의 길을 걸어갈 수 있는 토대를 만들어야 한다. 필자는 진정한 '한반도 평화·공존의 시대'를 열기 위해서는 '탄탄한 경제' '튼튼한 국방' 그리고 '야당과의 협치와 소통'이 필요하다고 본다.

도 산 안 창
ROKS DOSAN AHN CHANGHO

통일은 비용이 수반된다. 독일 정부의 공식발표에 따르면 독일은 1991년부터 2005년까지 15년간 통일비용으로 약 총 1조 4,000억 유로를 지출했다. 한화 약 1,750조 원에 달하는 천문학적인 액수이다. 이를 15년으로 나누면 매년 약 117조 원의 통일비용이 들었다. 2019년 대한민국의 총예산 470조 원의 1/4 수준이다. 막대한 통일비용으로 독일경제는 큰 어려움을 겪었다. 독일과 우리나라를 직접 비교하는 것이 정확한 수치라고 말하긴 어렵지만, 그만큼 천문학적인 통일비용이 소요된다. 다 같이 잘 살자고 통일하자는 것인데 다 같이 힘들어질 수도 있다. 통일을 통해 한반도 번영을 이룩하려면 우리나라가 탄탄한 경제력을 갖춰야 한다. 그런 면에서 문재인 정부가 기업의 투자 의욕을 살리지 못하고 시장을 불신의 대상으로 바라본다는 것에는 진한 아쉬움이 남는다. 정부는 통일을 대비해 탈원전, 소득주도성장 등 정책의 수정을 통해 경제를 탄탄하게 만들어야 한다.

두 번째는 '튼튼한 국방'이다. 미국의 초대 대통령인 조지 워싱턴은 "전쟁에 대비하는 것이 평화를 유지하는 가장 효과적인 방법이다"라고 했다. 평화를 유지하기 위해선 튼튼한 국방력을 갖춰야 한다는 뜻이다. 한반도는 중국과 일본, 러시아와 미국 등 초강대국들의 이해가 첨예하게 대립하는 전략적 요충지다. 한반도의 항구적 평화를 위해 자신을 지킬 강한 군대가 필요하다. 그러나 문재인 정부는 지난해 9·19 남북군사합의를 통해 국방력을 약화했다는 지적을 받고 있다. 강력한 국방력을 기반으로 남북평화 정책이 병행 추진되어야 한다. 세 번째는 '야당과의 협치와 소통'이다. 야당이라고 해서 평화통일을 위한 길에 무조건 반대하는 것은 아니다. 야당은 소득 없는 정부의 '평화 퍼포먼스'에 우려를 표하는 것이지 탄탄한 경제와 튼튼한 국방을 바탕으로 한 평화통일 노력에는 적극 지지할 준비가 되어있다. 그러나 문 정부는 지금까지 야당의 목소리를 듣거나 야당을 설득하는데 부족했던 것이 사실이다. 정부는 북한과 대화에 나서기에 앞서 야당과 소통하여 통일에 대한 국론을 일치시켜야 한다. 그래야만 통일정책을 균형감과 속도감 있게 추진할 수 있다. 남북이 함께 잘 살 수 있는 '준비된 통일'이 필요하다. 지금 문재인 정부의 한반도 평화정책이 너무 '보여주기식' 성과에 치우쳐있는 것은 아닌지 냉정하게 따져볼 필요성이 있다. 공(功)은 살리고 과(過)는 과감히 수정하는 결단이 필요하다. 우리 후손들이 한반도 평화·공존의 시대에서 '힘'있게 살아가는 미래를 만들기 위해 모두가 힘을 합쳐야 할 때다. (출처 : 경상일보 2019.06.12.)

11. 탈원전 정책, 국민투표 여론조사로 결정

지난달 24일 대만은 국민투표를 통해 탈원전 정책에 반대하는 국민의 뜻을 확인, 국가 중요정책인 탈원전을 입법해 추진했다. 대만국민들은 국민투표를 통해 잘못된 정책을 수정했다. 법치주의와 민주주의의 아름다운 공존을 통해 대만은 에너지 위기에서 탈출할 수 있는 기반을 마련했다. 그러나 대만을 '롤모델' 삼아 탈원전 정책을 추진해온 문재인 정부는 법치주의와 민주주의를 깡그리 무시하고 있다.

첫째, 문재인 정부의 탈원전 정책에 법적 근거가 전혀 없다. 우리나라의 에너지 정책을 뒷받침하는 「에너지법」, 「전기사업법」, 「원자력 진흥법」 등 어느 곳에도 탈원전의 근거가 되는 법 조항이 없다. 국무회의에서 단순 안건으로 의결된 것이 전부다.

둘째, 국민 10명 중 7명이 원전정책을 유지·확대해야 한다는 여론조사 결과를 2차례나 받아봤지만, 정부는 '국민투표는 없다'라는 입장이다. 6일 이낙연 국무총리 역시 대만과 한국의 상황은 다르다며 선 긋기에 급급했다. 이 총리는 불볕더위에도 전력 수급이 안정적이라 말했지만, 지난 7월 24일 전력 공급예비율이 23개월 만에 최저치인 7%대까지 떨어지는 등 전력 수급에 빨간불이 켜진 것이 엄연한 사실이다. 전력수요 예측을 지나치게 낮게 설정해놓고 탈원전이 문제없다고 말하는 것이야말로 국민을 속이는 일이다.

셋째, 여권과 환경단체에서도 대만의 국민투표 결과를 두고 '법 하나 바꾼 것에 불과하다'라며 그 의미를 일축하기 바쁘다. 도리어 탈원전 국민투표 주장을 현실성 없는 딴지로 비하하기까지 한다. 민주주의 정신을 부정하는 것이다.

국민투표는 '대통령은 필요하다고 인정할 때는 외교·국방·통일 기타 국가 안위에 관한 중요정책을 국민투표에 부칠 수 있다'라는 「대한민국헌법」 제72조를 통해 국민의 권리로 규정돼 있다. 국가 경제를 뒷받침하고 국가 안전보장과 깊은 연관성을 갖는 에너지는 안정적이고 합리적인 공급이 중요하다. 에너지의 약 97%를 수입하는 대한민국에서 '에너지 안보'는 국가 안위에 직결된다. 이처럼 중차대한 문제는 반드시 국민의 뜻을 물어야 한다. 특히, 탈원전처럼 국민이 공감하지 않는 에너지 정책은 국민투표로 결정하는 것이 더욱 마땅하다.

원자력발전을 반대하는 일부 단체의 억지 주장도 도를 넘고 있다. 사물을 다르게 보는 관점은 인정받아야 하지만, 본질을 왜곡하는 것은 바람직하지 않다. 원자력을 핵으로 바꿔 부르는 것이 대표적이다. 우리가 흔히 쓰는 '비핵(非核)'은 핵무기를 갖지 않는다는 것을 뜻한다. 탈원전을 추진하는 문재인 대통령이 "국내 원전은 40년 동안 단 한 건의 사고도 발생하지 않았다"라고 말할 정도로 안전한 에너지원인 원자력을 대량파괴 무기인 핵으로 표현하는 것과 탈핵이라는 말도 절대 맞지 않는다.

자유한국당이 재생에너지 확대를 반대한다는 주장도 틀렸다. 필자를 비롯한 자유한국당 의원들은 재생에너지의 점진적 확대는 필요하단 입장이다. 다만 급진적인 탈원전과 태양광발전 확대가 국가 안위에 직결되는 에너지 안보를 훼손할 우려가 있으므로 속도 조절을 하자는 것이다. 1년 넘게 탈원전 정책의 문제점을 지적, 대안을 제시했지만, 문재인 정부는 독단에 빠져 꿈쩍조차 안 하고 있으니 국민투표에 부치자는 주장을 펼치는 것이다. 국민투표는 에너지 안보를 지키는 최후의 수단이다.

이미 여권에서도 문재인 정부의 탈원전 정책을 우려스럽게 인식하고 있다. 더불어민주당 한 의원은 "전기료 인상에 대한 철학적 고민이 필요한 때"라며 "전기요금을 인상할 때가 됐다"라고 말했다. 지구에서 가장 싸고 안전한 에너지원인 원자력을 급격하게 줄인다면 전기료 인상은 불 보듯 뻔하다. 임기 내 전기료 인상은 없다고 못 박은 문재인 정부는 5년짜리 단임 정권이다. 정권은 짧지만, 국민의 삶은 지속한다. 급진적인 탈원전 정책으로 인한 전기료 폭탄은 고스란히 국민의 몫이 될 것이다. 지금이라도 문재인 정부는 신한울 3·4호기 건설을 재개하는 등 탈원전 정책을 전면 재고해야 한다. 그런데도 탈원전을 고수하겠다면 당당히 국민투표에 임해야 할 것이다. 국민투표를 할 의지마저 없다면 정부 차원의 여론조사라도 해서 국민의 뜻이 어디에 있는지 확인

해야 한다.(출처: 울산매일 2018.12.06)

12. 울산의 新 성장동력 확보, 다시 시작돼야!

울산의 위기라는 말이 심심치 않게 들린다. 산업수도로서의 울산의 위상이 흔들리고 있다. 작년 새로운 정부의 출범 이후 울산의 국책사업들 진행도 더뎌지고 있다. 대표적으로 국립산업기술박물관 울산 건립은 정부의 국책사업이었다. 2012년 대선 당시 후보였던 문재인 현 대통령도 박근혜 전 대통령과 공통 공약으로 내세웠다. 그런데도 이 사업은 예비타당성조사의 벽을 넘지 못하고 있다. 지역 균형발전의 논리가 아닌 손익계산의 경제 논리에 의해서다. 국립산재모병원 건립사업 역시 예비타당성조사 결과가 임박해 있다. 그러나 공공영역에 대한 인식 없이 민간영역과 같은 수익 중심의 관점을 고수하는 경우 국립산재모병원도 예비타당성조사의 벽을 넘을 수 있을지 미지수다. 이 때문에 지역 균형발전이라는 국가적 과제는 '경제적 효율성'의 관점으로 접근해서는 안 될 문제임에도, 정부가 지역의 목소리를 반영하지 않은 채 수수방관하고 있다는 지적도 나온다.

굵직한 지역 현안들이 좌초될 위기에 놓일 때마다 필자는 지역 국회의원으로서 울산의 목소리를 중앙에 전달해 정부와 중앙의 주의를 환기하며 해결책을 모색해 왔다. 지난해에는 국립산업기술박물관 건립추진 로드맵 수립을 위한 용역비 3억 원을 어렵게 확보해 꺼져가는 불씨를 되살렸다. 이어 지역 민심을 수렴하

기 위하여 토론회도 개최했고 이 자리에서 수도권 중심적 사고를 탈피하고 공공영역에 맞는 시각을 가져야 한다고 분명히 밝혔다. 발상의 대전환이 이뤄지지 않는다면 울산의 국책사업들이 줄줄이 좌초될 것이 명약관화하기 때문이다. 울산의 숙원사업인 물 문제해결을 위해 관계부처에 맑은 물 공급사업 협조를 강력하게 요청했고, 낙동강 주변에 새로운 취수원을 확보해 맑은 물 공급이 원활히 추진될 수 있도록 관련 법안도 대표 발의했다.

우리 울산은 위기를 극복하고 새로운 미래를 준비해나가야 하는 시대적 과제를 안고 있다. 많은 분이 이 답을 4차 산업혁명에서 찾고 있다. 반세기 동안 울산은 산업도시라는 명성과 부를 가진 도시였다. 제조업의 공이 컸다. 이제 그 산업도시의 성과를 바탕으로 4차 산업혁명을 준비해야 한다. 울산의 새로운 먹거리를 개발하고 울산의 신성장동력을 확보해야 할 때다. 새로운 성장동력을 어떻게 키워나가야 할까?

첫째, 4차 산업혁명은 산업도시 울산의 명성을 바탕으로 준비해나가야 한다. 울산은 산업도시의 명성에 걸맞게 산업인프라와 노하우가 풍부하다. 산업적 기반이 잘 갖춰진 이점은 울산의 큰 원동력이다. 옥동 테크노산업단지의 조성으로 인한 생산 효과는 2조 6,263억 원으로 추산된다. 새롭게 확보한 산업인프라는 그 자체로 지역경제 활성화에 일조한다. 나아가 테크노산업단지 산학융합지구에 오는 3월 울산대학교 제2캠퍼스가 개교한다. 울산이 확보한 산업인프라를 바탕으로 새로운 학문적 성과의 토대가 마련되는 산학협력이 이루어지는 것이다. 울산의 가장 큰 이점인 기존의 산업적 기반을 토대로 4차 산업혁명을 준비해나가야 한다.

둘째, 다양한 관광자원을 개발·육성하여 관광서비스 등 울산의 새로운 먹거리를 확보해야 한다. 필자는 작년 국회 의정활동을 통해 신정 시장과 수암시장이 문화관광형 시장 육성사업 대상으로 선정될 수 있도록 노력했다. 문화관광형 시장 육성사업 대상으로 확정되면서 신정 시장과 수암시장은 3년간 18억 원의 예산을 확보할 수 있었다. 작년 5월 수암 상가시장에서 '수암한우야시장'을 개장했다. 평균 매출이 15% 정도 상승하고 방문 인원도 늘었다는 기쁜 소식이 들렸다. 그뿐 아니다. 울산 남구도시관리공단에 따르면 지난해 장생포 고래 문화 특구를 찾은 관광객이 96만여 명에 달한다고 한다.

또한, 현재 추진 중인 태화강 국가 정원 지정사업 및 영남알프스 케이블카 사업 등 앞으로도 다양한 사업들을 통해 관광자원을 개발·육성해나가면 울산은 산업관광 도시로 나아갈 수 있으리라 믿는다.

셋째, 6월 지방선거를 통해 여야를 떠나 울산의 미래비전을 가진 역량 있는 인재를 선출하는 것이다. 혹자는 선거철마다 나오는 싫증 난 구호가 아닐까 여길지도 모른다. 그러나 풀뿌리민주주의 올바른 구현은 지역 발전을 위해 꼭 필요한 일이다. 울산이 내재한 지리적·현실적 어려움을 극복하기 위해서는 중앙정부로 전달할 수 있도록 지역의 목소리를 효율적으로 모아줄 인물이 필요하다. 미래비전을 가진 일꾼을 잘 선출하는 것이야말로 미래 신성장동력 확보의 시작이다.(출처: 경상일보 2018.02.12)

13. 건강한 성 윤리를 해치는 동성애 합법화는 반드시 재고돼야!

우리 인간은 사랑으로 이루어진다. 그것은 너무나도 자연스러운 것이고, 자연 발생적인 것이다. 사랑은 이성 간에도 할 수 있고 부모와 자식 간에도 친구 간에도 할 수 있다. 세부적으로 들어가면 그것은 정신적인 면과 육체적인 면으로 나뉠 수 있다. 그런데 몇 년 전부터 진보적 단체나 진보적 국회의원 등을 중심으로 동성애 합법화 얘기가 나오고 있다. 참으로 이해하기 어렵고, 많은 종교단체나 국민의 걱정이 많다. 동성애 처벌법을 없애라고 얘기하고 동성애를 인정하자면서 군형법 92조 6항을 폐지하자는 법안이 국회에 제출되어 있다. 본 의원은 분명히 동성애와 동성결혼의 합법화에 반대한다.

첫째, 동성결혼 합법화는 건전한 성 윤리의 붕괴는 물론 건강한 가정 질서와 사회 질서를 붕괴시킨다. 결혼은 성경의 가르침에 따라 남자와 여자의 결합으로 가정을 이루고 성적인 순결을 지키는 것이기에 동성결혼은 기독교 윤리에서 옳지 않으며 마땅히 금해야 한다.

둘째, 군형법 제92조 6항이 폐지되면 동성애가 합법화되고 우리 자녀가 항문성교와 성추행을 할 수 있는 군대에 간다는 것은 상상조차 할 수 없다며 폐지를 반대하는 현수막을 게재하고 국회 입법예고 사이트에도 공격적인 반대의견을 이어가고 있다. 너무나도 당연한 것이 아닌가? 남북이 대치하고 있는 상황에서 정예강군을 만들어야 할 시점에서 군기가 문란하고 성이 문란해지는 것이 불을 보듯 뻔한데 어찌해서 법 조항을 삭제할 수 있단 말인가? 군 기강과 전투력 유지, 성추행방지, 에이즈 방지 등을 위해서는 군형법 제92조 6항은 존치해야 한다.

셋째, 동성애 합법화를 주장하는 사람들은 인권을 앞세우고 성소수자의 권익을 앞세우고 있다. 하지만 우리의 보편적인 근본이 무너지면 우리 사회 전체가 무너지게 된다. 특히 자신의 의지와 상관없이 군대에 온 이제 갓 스무 살 넘긴 남성들이 내무반이라는 폐쇄적인 공간에 머무는 상황에서 동성애를 상상한다는 것은 그 자체만으로도 용납할 수 없다

넷째, 동성애 합법화 찬성자들은 성적 결정권을 주장하고 있다. 위계질서가 강한 군대 문화의 특수성으로 인해 군 동성애를 허용할 경우 상급자가 하급자를 성추행할 가능성이 더 커졌다. 헌법재판소는 2002년부터 지난해까지 군형법 92조 6항에 대하여 세 차례 제기된 위헌심판 제청을 모두 기각하고 합헌결정을 내렸다. 헌재는 '동성 간 성행위는 군이라는 공동사회의 건전한 생활과 군기라는 보호 범위를 침해한다'라고 규정하면서 이는 군 동성애를 내버려 두면 국가안보마저 침해할 수 있고 일반인의 입대 기피 현상마저 벌어져 궁극적으로는 징병제 자체가 위협받을

것이다. 일부 시민단체에서는 벌써 '아들 군부대 안 보내기 운동'을 벌이겠다고 주장하고 있다.

다섯째, 문재인 대통령도 지난 대선 기간 군 동성애에 반대의견을 분명히 밝혔다. 당시 홍준표 자유한국당 후보도 군 동성애는 국방 전력을 약화한다며 반대 견해를 밝혔다. 이제 정치권도 우왕좌왕하고 갑론을박할 것이 아니라 분명한 견해를 밝혀서 논란에 종식을 가해야 한다고 본다. 많은 국민은 하루라도 이런 논의가 종결되길 학수고대한다. 이제 동성애 합법화 주장은 우리 사회의 건강성 확보와 건강한 성 윤리확보 차원에서 공론화 과정을 거쳐 종지부를 찍어야 할 시점이 아닌가 생각한다. 이러한 논의가 오래가면 갈수록 사회불안과 국력 낭비로 이어질 게 분명하다.(출처: 경상일보 2017.06.22)

14. 동북아오일허브, 석대법 통과가 선결과제

불과 50년 전 우리는 석유 한 방울 나지 않는 나라에서 석유제품을 수출하겠다는 야심 찬 계획으로 허허벌판이었던 울산에 석유화학 공장과 자동차 공장을 만들고 바다를 메워 조선소를 건설했다. 그리고 50년이 지난 지금 '동북아시아의 오일허브'라는 또 다른 꿈을 꾸고 있다. 오일허브 사업은 세계 주요 항로 지역에 상업용 탱크터미널을 구축해 원유제품의 저장과 다양한 금융서비스를 제공하는 석유 물류 및 금융거래사업을 말한다. 막대한 규모의 석유거래를 바탕으로 정제와 가공 등 기존의 석유산업과 물류 금융 등 서비스 사업이 융복합되면서 동반 성장하는 에너지 분야 '창조경제형' 국책사업이라 할 수 있다.

동북아오일허브는 김대중 정부 때인 지난 2000년 동북아 물류 중심화 계획을 추진하면서 시작됐다. 2005년과 2008년 오일허브 구축을 위한 계획 수립과 사업성 분석을 거쳐, 13년이라는 오랜 연구와 검토 끝에 울산과 여수에서 본격 사업이 진행됐다. 울산은 현재 북항(990만 배럴) 매립공사가 50% 이상 진행됐고 2018년에는 본격적인 상업 운영에 들어갈 계획이다. 남항(1,850만 배럴) 사업도 2018년이면 착공할 예정이다.

그러나 최근 석유 및 석유대체연료 사업법(이하 석대법)의 국회 통과가 지연되면서 동북아 오일허브사업이 난항을 겪고 있다. 첫째는 동북아오일허브 사업의 경제성이 미흡하다는 이유이고, 두 번째는 재정 상태가 악화한 석유공사의 투자가 부적절하다는 이유다. 하지만 원유가격 하락 등의 단기적인 원인으로 지난 16년 동안 추진돼온 동북아오일허브 사업 자체의 경제성을 평가하는 것은 아직 이르다. 원유가격은 항상 등락을 거듭해 왔으며 불과 몇 년 앞을 내다보는 단기적 전망으로 국책사업의 타당성을 재평가하는 것은 옳지 않다. 2009년 KDI의 예비타당성 검토 보고서에도 사업성은 충분히 검토된 바 있다. 국회 예산정책처 보고서에서도 사업 자체의 타당성에 대한 문제 제기가 아니라 시기를 조절하라는 것이다. 석유공사의 재무건전성이 문제가 된다면 투자 지분을 조정하든지 제3의 투자자를 찾아 문제를 해결할 수 있다. 이런 이유로 대규모 국책사업이 발목이 잡혀서는 안 된다.

동북아 오일허브사업은 단순한 석유저장시설을 구축하는 것이 아니다. 우리나라를 동북아 석유거래·물류·금융의 중심지로 육성하기 위한 국책사업이자 핵심 국정과제다. 그렇다면 이에 맞는 제도적, 재정적 지원이 뒤따라야 한다. 그렇지 않으면 지난 16년 동안 준비해 온 국책사업이 떠내려갈 수도 있다. 최근 울산경제는 3대 주력산업이 침체하면서 수출이 급감하고 내수 부진과 겹쳐 충격에 빠져있다. 이를 타개하기 위해서는 동북아오일허브와 같은 신성장 동력을 발굴해야 한다.

동북아 오일허브 사업은 석유자원의 확보와 더불어 지역의 제

조 건설 금융산업의 발전을 촉진하고 2040년까지 약 60조 원의 생산유발 효과와 2만 2,000명의 고용 유발 효과가 기대되는 사업이다. 특히 트레이더(석유중개인) 유치를 위한 선결과제로써 석유제품의 혼합제조를 허용하는 석대법 개정안은 반드시 통과돼야 한다. 2013년부터 상업 운영을 개시한 여수의 경우 막대한 예산을 들여 혼합제조시설을 갖추어 놓고도 활용하지 못해 연간 400억 원에 이르는 기대이익을 잃어버리고 있다. 시간적 여유가 없다. 동북아 오일허브사업은 선택이 아닌 생존을 위한 필수적인 사업이다. 울산은 지정학적 위치와 역내 석유 시장의 성장 가능성으로 볼 때 오일허브사업에 있어 천혜의 조건을 갖추고 있다. 이제 20대 국회에서는 여야가 힘을 모아 반드시 석대법을 통과시켜 동북아오일허브 사업을 본궤도에 올려놓아야 할 것이다.(출처: 경상일보 2016.06.01)

15. 소상공인·전통시장 살리는 키워드 '명품화'

울산시 소상공인 사업체는 6만 3,000개, 종사자 11만 9,000명으로 총사업체의 86.7%, 종사자의 28.4%를 차지한다. 또한, 전통시장은 38개, 점포 3,600여 개가 있다. 전통시장을 포함한 소상공인은 경기가 나빠지면 먼저 매출이 저하되는 반면 경기가 회복되더라도 체감경기는 더딘 특징을 갖고 있다. 여기에 대기업의 골목상권 진출 확대로 매출이 지속으로 줄고 있어 전통시장과 소상공인의 활성화는 대한민국뿐만 아니라, 울산시로서도 매우 중요한 국가적인 과제다.

이러한 점을 알기에 필자는 그동안 2조 원의 소상공인 시장진흥 기금 및 소상공인시장진흥공단 출범을 위한 소상공인과 전통시장 관련 법을 대표 발의했고 올해 국정감사에서 대형유통업체의 상생 협력이 미비한 점을 지적했다. 또 지난달 27일 울산 남구청 대강당에서 '소상공인과 전통시장이 함께하는 지역 상권 활성화 토론회'를 통해 울산의 소상공인과 전통시장의 경쟁력을 높여 나갈 방안에 대한 대안을 제시했다.

울산은 좋은 자연 자원과 세계적인 제조업체 등 산업자원이 풍부하나 울산시민뿐만 아니라, 외국인을 포함한 관광객들이 찾아올 명품 세계시장, 전국적인 인지도를 가진 특화 거리 등이 없다는 점은 매우 안타까운 일이다. 이를 해결하고 울산의 소상공인과 전통시장이 나아가야 할 방안을 평소의 소신과 토론회를 통해 나온 것을 정리해 말씀드리고자 한다.

첫째 '시장의 명품화'이다. 전통시장은 점포의 상품 및 서비스 명품화와 더불어 ICT와 디자인 등을 융합해 울산지역 기업체에 근무한 외국인 및 외국 관광객까지 흡수할 수 있는 글로벌 명품시장으로 성장해야 한다. 규모의 글로벌도 중요하나 내용(상품, 서비스, 시설)의 세계화가 중요하다. 이를 위해 기초단체와 광역시, 상인 등이 참여하는 특색개발위원회를 만들고 미래를 대비해야 한다.

둘째 '조직의 명품화'이다. 신정 시장의 먹자골목과 수암상가 시장의 한우, 장생포의 고래 등 특화 거리를 조성, 활성화하고 홍보해 나가야 한다. 이를 위해 무엇보다도 특화 거리를 이끌 상인회 구성과 같은 조직화가 필요하다. 특히 상품이 특화된 곳일수록 공동구매 및 판매, 홍보, 시설현대화는 큰 시너지효과를 가져온다. 조직화는 소상공인들이 밀집된 골목상권 또는 상가 활성화를 위한 첫걸음이며 다양한 지원을 받기 위한 기반이다. 법적인 근거와 상인회 조직이 있는 전통시장은 주차장, 고객센터 등 시설현대화, 명품세계시장, 문화관광형 시장 등 다양한 경영현대화 지원을 받고 있다는 점에서 더욱 그렇다.

셋째 '상인의 명품화'이다. 상인회장, 업종별 협회 등을 위한

교육, SNS 마케팅 등 최신 마케팅 방법, 업종별 전문교육 등을 통해 상인의 명품화가 이뤄져야 명품점포, 명품시장, 명품특화거리로 발전할 수 있다.

이러한 3가지 명품화 방안이 실현되려면 중점 추진돼야 할 사항이 있다. 첫째 울산 소상공인과 전통시장 상인을 위한 전용 교육장 설치, 둘째 소상공인의 조직화와 각종 지원을 할 수 있는 법과 제도의 정비, 셋째 울산을 대표할 특화 거리와 글로벌명품시장으로 육성하는데 필요한 예산 확보 등이다. 그동안 필자는 영세소상공인을 위해 카드 수수료 인하를 강력하게 요구해 왔다.

앞으로 백화점 등 대형유통업체의 협력을 통한 지역상권 활성화 시범사업추진, 중소유통물류센터 건립, 전통시장의 주차장 시설 확충 및 택배 시스템 도입 등에 관해 관심을 두고 예산 확보 등을 위한 노력을 해나갈 것이다. 더불어 울산의 소상공인과 전통시장을 살리는 선구자적 역할은 물론 대한민국 전체 상권 활성화를 뒷받침하기 위해 최선을 다할 것이다.(출처: 경상일보 2015.11.11)

16. 소상공인, 패자부활 같은 사회안전망 구축 필요

사람의 신체는 하나로 연결돼 있어 작은 실핏줄 하나라도 막히면 병이 생긴다. 경제의 순환구조도 마찬가지다. 그럼 대한민국 경제의 실핏줄 역할은 누가 하고 있을까? 대한민국 전체 사업체 중 87.6%(283만 개)를 차지하고 있는 소상공인이 그 역할을 감당하고 있다. 최근 극심한 소비불황과 내수침체로 소상공인들은 생활고에 시달리고 있지만, 이러한 위기를 돌파할 수 있는 대책은 아직 마련되어 있지 않다. 현재 소상공인들은 힘들어도 아무런 도움도 받지 못하는 '고립무원(孤立無援)' 상태에 빠져있다. 정부도 골목상권보호와 채무 불이행자 신용회복지원, 골목 가게와 전통시장의 시설현대화 사업 등 다양한 사업을 통해 소상공인을 지원하고 있지만, 그 효과를 당사자들은 아직 체감하지 못하고 있다. 영세소상공인들은 이러한 위기를 감당할 자금력이나 대책도 없다. 그렇다면 이러한 문제를 해결하고 소상공인과 전통시장 상인들이 안정적으로 사업할 방법은 없을까?

소상공인 시장진흥 기금과 같은 사업자금을 통해 소상공인들에게 직접 지원할 수 있는 인프라를 구축해야 한다는 것이 필자의 생각이다. 또한, 이를 통해 창조적 모험을 펼치는 많은 소상공인이 패자부활의 기회를 가질 수 있도록 하는 사회안전망을 구축하는 것도 필요하다. 지난해 국회에 보고된 자영업자들의 평균소득은 월 187만 원이다. 그나마도 17.8%는 월 소득이 100만 원도 안 된다. 그리고 최근 중소기업중앙회에서 실시한 소상공인 경영상황 조사에 따르면 소상공인 70.2%가 '올해 전반적인 경영상황이 악화할 것'으로 전망했다. 또한, 소상공인의 절반 이상인 56%가 지난해에 비교해 소득이 하락했고, 57.4%는 빌린 부채를 '기간 내에 상환할 수 없다'라고 답했다. 이렇듯 전통시장 상인들을 포함한 소상공인들이 겪는 경영악화 문제는 어제오늘의 일이 아니다. 골목상권까지 대형 유통 자본이 침투하고, 경기침체 지속은 소규모 상인들의 자립 기반을 더 거세게 흔들고 있다.

필자는 이러한 상황에 대한 대안으로 지난 2013년 2월에 '소상공인 지원을 위한 특별조치법' 일부개정법률안과 '전통시장 및 상점가 육성을 위한 특별법' 일부개정법률안을 대표 발의했다. 그 결과 소상공인시장진흥공단이 올 1월 1일에 출범했다. 소상공인시장진흥공단은 소상공인 인프라 구축과 전통시장을 지원하고 있으며, 내년에는 소상공인 시장진흥 기금을 설치해 관련 사업을 위탁 운영할 예정이다. 이러한 인프라가 마련되면 소상공인들은 단기적 금융지원을 통해 유동성을 확보할 수 있게 된다. 더 나아가 소상공인들이 도전을 통해 성장의 발판을 마련할 수 있고, 패자부활의 기회도 얻을 수 있다. 세계 경제력 15위 국가인 대한민국이 앞으로 더욱 성장하기 위해서는 대한민국 경제의 실핏줄 역할을 하는 소상공인이 경쟁력을 갖춰야 한다. 유동성을 확보하고, 다시 일어설 기회를 받은 소상공인들이 대한민국을 세계 경제 TOP 10으로 만드는 날을 기대해 본다.(출처: 경상일보 2014.06.23.)

17. 친환경 산업·안전 혁신에 투자해야!

울산은 지난 50년간 자동차, 조선·해양, 석유화학 등의 산업을 중심으로 한국의 경제성장을 선도해 왔다. 그 결과 산업수도의 명성을 얻었다. 그야말로 울산의 주력산업은 대한민국 경제의 구심점 역할을 담당했다. 그러나 자본과 노동집약적인 3대 주력산업은 신흥국가의 시장진입으로 채산성이 약화하고 세계시장이 친환경·고부가가치화의 산업 환경으로 급속히 변화됨에 따라 경쟁력이 낮아지고 있다. 특히 울산의 산업은 제조업 위주의 구조를 갖추고 있어 성장의 한계에 다다를 것이라는 전망이 우세하다. 더구나 이런 상황에서 기업들이 울산에 투자하는 것을 꺼리고 있다. 지난 5월 8일 한국경제신문이 도시의 경쟁력을 평가한 조사에 따르면, 울산은 투자환경 부문에서 서울은 물론 대전에도 밀렸다고 보도했다. 또 투자지원, 산업인프라 등에서는 양호한 점수를 받았지만, 투자의향 선호도가 7개 광역시 중 5위에 머물렀다. 관광 아이템은 고래 외에 거의 없어 관광환경부문에서 7위에 그쳤다고 보도했다.

살기 좋은 글로벌 명품도시들은 우호적인 투자환경을 조성해 기업을 유치함으로써 성장과 인구가 함께 증가하고 있다. 주거, 환경 등의 분야도 비례해서 발전한다. 따라서 새 시장은 울산시가 어떤 분야에 경쟁력을 갖고 있고, 무엇을 보완해야 하는지를

친환경전지융합 실증화단지 기공식
2016년 10월 20일(목) 14:00
친환경
전지융합
융합 실증화단지 기공식
016년 10월 20일(목) 14:00

깊이 있게 검토하고 대응방안을 모색해야 한다. 이를 위해 시급하게 추진해야 할 주요과제는 다음과 같다.

첫째, 자원고갈 및 기후변화 등 환경에 능동적으로 대응하기 위해서는 그린 전기자동차산업에 과감히 투자해야 한다. 세계적으로도 자동차산업은 친환경 자동차로 급속히 재편되고 있다. 이에 따라 그린 전기자동차산업 육성을 위한 인프라를 확실하게 구축해야 기술적 우위를 가진 기업이 투자할 것이고 주력산업인 자동차산업이 고도화될 수 있다.

둘째, 신재생에너지 분야인 수소산업을 육성해야 한다. 울산시는 국내 수소의 60% 이상을 생산하고 있는 도시이므로 우리나라 수소경제를 선점할 수 있다. 세계적인 수소산업 거점도시로 건설하여 우리나라 경제가 한 단계 더 도약하도록 해야 한다.

셋째, 사고가 없어야 행복한 복지사회다. 울산 인근 지역에 총 9기의 원자력 발전소가 있고, 전국 유독 화학물질 물량의 33.6%를 취급하고 있다. 지난 10년간 화학사고 발생은 전국 2위라는 불명예도 안고 있다. 최근에도 석유화학 공단의 잇따른 사고로 인해 안전에 대한 시민의 불안이 가중되고 있다. 지금부터라도 안전을 위협하는 비정상적 관행이나 제도 등을 조사하고 안전혁신대책을 수립해야 한다. 특히 절대 일회성 안전 점검이 아닌 근본적인 처방을 내려야 한다.

넷째, 동북아 오일허브 기반의 금융·물류 산업, 관광산업 등의 3차 산업에 적극적으로 투자해야 한다. 독일, 이탈리아 등의 국가들은 쇠락한 산업도시에서 문화, IT 등을 융합한 제조업 연관 서비스산업으로 위기를 극복한 국가들이다. 선진국은 서비스산업이 국내총생산(GDP)에서 차지하는 비중이 70%를 웃돌고 있고, 고용창출도 제조업의 1.6배에 달하는 경제적 효과로 국가 경제에 중추 역할을 하고 있다. 울산도 제조업 편중 구조에서 벗어나 산업간 동반 성장이 가능한 산업생태계를 빨리 구축해야 한다. 특히 3차 산업의 비중은 국립산업기술박물관의 성공과 직결되는 만큼 매우 중요한 과제다.

이런 점에서 오는 7월 출범하는 민선 6기 시장은 친환경 산업과 안전혁신에 과감히 투자해 산업·안전·관광 등이 조화를 이루는 데 초점을 맞추어야 한다. (출처 : 경상일보 2014.05.22.)

18. 외국인투자유치법은 정쟁의 대상이 아니다

지난 5월 1일 박근혜 대통령이 주재한 새 정부 첫 번째 무역투자진흥회의에서 거론된 '증손회사의 지분율 100% 소유를 규정한 공정거래법(독점규제 및 공정거래에 관한 법률)'도 바로 대표적인 손톱 밑 가시다. 이 법은 지주회사인 대기업의 손자회사가 자회사인 외국인 합작법인을 설립할 때는 100% 지분을 가질 때만 가능하게 되어 있다. 이는 일반지주회사의 손자회사가 적은 자본으로 국내 계열회사의 경영을 지배하는 것을 막고 문어발식 확장을 통한 경제력 집중을 막는다는 취지다. 그러나 외국인 합작법인은 사정이 다르다. 외국 합작법인은 국내기업과 외국기업이 50대50으로 투자하는 것이 일반적이다. 그 때문에 이 법에 따르면 증손회사의 외국인 합작법인은 설립 자체가 되지 않는다.

산업통상자원부의 자료를 보면 현재 진행 중인 외국인 합작투자 사업은 1조 9,600억 원에 달한다. 우선 GS칼텍스가 일본의 Showa-Shell, Taiyo Oil 등과 합작투자 해 여수에 연 100만 t 규모의 파라자일렌 공장을 짓기로 MOU를 2012년 4월 10일에 체결했다. SK종합화학과 SK루브리컨츠도 일본의 JX에너지와 각각 9,600억 원을 투자하는 조인트벤처 협약을 2011년 8월 30일에 체결했으며, 3,100억 원 규모의 합작투자로 법인설립을 추진 중이다. 특히, SK종합화학과 일본의 JX에너지 간의 투자사업은 직접고용 외에도 석유화학, 물류, 도소매 등 전후방 산업을 통해 수천 명의 일자리가 창출되어 지역경제 활성화는 물론 국가 경제에도 큰 영향을 미칠 수 있다.

그러나 이들 사업 모두가 현재의 공정거래법에 막혀 불가능한 상태에 있다. 그야말로 손톱 밑 가시다. 그래서 국회에서 지주회사인 대기업의 손자회사도 지분을 100% 갖지 않더라도 합작법인을 설립할 수 있도록 '외국인투자촉진법 개정안'을 제출했지만, 야당의 반대로 본회의에도 올리지 못하고 있다. 이 법은 야당의 주장처럼 단순히 대기업에 특혜를 주는 법안이 아니다. 수조 원에 달하는 외자 유치는 대기업이 아니면 불가능하고, 그 혜택은 중소기업과 지역경제에도 돌아간다. 가뜩이나 어려운 경제 여건에서 2조 원에 달하는 외국인 투자를 유치해 놓고 규제 때문에 무산되어서는 안 된다. SK종합화학이 있는 울산만 하더라도 현재 4,800억 원이 투입되어 50%의 공정률을 보이고, 하루 5,000여 명의 근로자가 일하고 있다. 투자가 무산될 경우 지역경제에는 막대한 손해가 발생할 수밖에 없다. 외국인투자촉진법 개정안은 정쟁의 대상이 아니다. 야당은 지역경제를 살리고 민생을 살리기 위해서라도 하루속히 외국인투자촉진법 개정안의 통과에 협조해야 할 것이다.(출처: 경상일보 2013.07.16.)

19. 반구대암각화 보존, 식수 문제와 함께 해결해야!

최근 국보 제285호인 반구대암각화의 보존방안을 놓고 울산광역시와 문화재청의 공방이 연일 이어지고 있다. 울산광역시는 암각화 보존과 물 문제를 함께 해결하기 위해 생태 제방을 설치하자는 것이고, 반면 문화재청은 식수 문제는 논외로 하고, 사연댐에 수문을 만들어 60m에서 52m로 '수위조절을 하겠다'는 것이다. 지금까지 문화재청과 학계에서는 사연댐의 수위조절이 암각화 보존을 위한 유일한 대안이라고 주장해 왔다. 이에 울산광역시가 2012년 6월에 한국수자원학회에 의뢰하여 국내 최고의 수리 분야 전문가들이 9개월 동안 수리모형 실험을 하였다.

실험 결과, 수위를 52m로 낮추기 위해 수문을 만들 경우, 홍수 시 수위조절 전과 비교하면 암각화 전면의 유속이 10배 정도 빨라지게 되고, 물의 흐름이 암각화 쪽으로 쏠리게 되며, 암면에 심한 충격을 주어 암각화는 계속 훼손된다는 사실을 발견했다. 이에 대해 문화재청은 실험결과를 믿지 못하겠다며 외국 전문가를 통해 재검증해야 한다고 주장한다. 문화재청은 수리모형 실험과정에 모두 참여하였다. 그런데도 실험결과를 인정하지 않고 있다. 연구는 신뢰성과 타당성이 매우 중요하다. 권위 있는 전문가들의 실험결과를 믿지 못하면 누굴 믿는단 말인가. 특히 문화재청은 울산광역시의 의견을 반영하지 않고 일방적으로 기획단을 구성해 수위조절 안을 관철하려고 한다.

특히 울산시는 청정수가 부족해 1일 6만t의 낙동강 물을 공급받고 있다. 연간 35억 원이 물 이용 부담금으로 낭비되고 있다. 이에 울산시는 대체수원 확보를 위해 운문댐으로부터 1일 7만t의 맑은 물을 공급받는 것을 전제로 문화재청이 제시한 사연댐의 수위조절 안에 동의했다. 그런데도 문화재청은 식수문제는 배제한 채 수위조절 안을 고집하고 있다. 울산시민은 맑은 물을 마실 권리가 있다. 물은 인류의 생존권과 직결되는 매우 중요한 문제이다. 설사 문화재청이 주장하는 사연댐의 수위조절 안을 수용한다고 하더라도 엄청난 예산과 기간이 소요된다. 울산시의 자료에 의하면 수위조절은 약 2,352억, 사업 기간은 약 10년 정도 소요될 것으로 추정하고 있다. 예산도 적은 금액이 아니지만, 문제는 10년이라는 사업 기간이다. 10년 정도의 시간이 흐르면 반구대 암각화를 지킬 수 없을 가능성이 크다. 그때 가서 암각화 훼손이 심각하다면 그 책임은 누가 질 것인지 의문이 든다.

그래서 울산시는 암각화도 보존하고 물 문제도 동시에 해결할 방안으로 '생태 제방설치'가 최적의 대안이라고 판단한다. 생태 제방설치는 2년 이내 조기에 완료되고 금액도 200억 원 정도로 수위조절과 비교하면 10배 이상 줄어든다. 또한, 흙, 돌 등 자연 재료를 이용하여 설치되기 때문에 주변 경관이 최대한 유지된다. 문화재청은 이에 대한 대응책으로 지난 4월 11일 암각화 현장에

서 대곡천 일원을 명승으로 지정하겠다고 밝혔다. 이미 2001년 10월에 문화재청이 명승지 지정 가치가 없다는 이유로 부결시킨 바 있다. 그 일원에 수목이 더 자란 것 이외에는 특별한 변화도 없다. 그런데도 이러한 논리를 펼치는 이유는 문화재청이 울산시가 주장하는 '생태 제방' 설치를 막기 위한 것이다. 명승으로 지정되면 암각화 주변에 일체의 현상변경 행위가 할 수 없기 때문이다. 유네스코가 문화유산을 평가할 때 가장 중요하게 고려하는 요인은 국민적 합의다. 시민의 동의와 절차 등 국민적 합의가 없으면 심사에서 매우 불리하게 작용한다. 지금이라도 물속에서 신음하고 있는 암각화를 건져내기 위해서는 암각화 앞에 제방을 설치하고 물 대책을 함께 마련해야 한다. 정부와 문화재청 문화재위원들은 좀 더 긍정적인 자세로 개방적이고 유연한 태도로 반구대 해법을 하루속히 마련해야 할 것이다.(출처: 경상일보 2013.04.25.)

2부

이채익의 면도날 같은 질문

"

우리나라가 기초의회를 20년 동안 운영하면서 역기능도 있었지만, 순기능도 많았기에 순기능은 발전시키고 역기능은 최소화하는 노력이 있어야 하는데, 이러한 노력이 생략된 가운데 기초의회의 폐지 논의가 거론되는 것은 바람직하지 않기에 정부가 깊은 성찰을 가져달라고 했습니다.

"

1. 제400회 대정부 질문

저는 2022년 9월 22일 대정부 질문에서 미국 인플레이션 감축 법안, 청와대개방, 국가보훈부호승격, 탈원전 정책, 울산 부유식 해상발전소, 독립유공자 공적 재심사, 반구대암각화, 이재명 대표, 경찰국에 대해서 질의했습니다.

▶ 먼저 한덕수 국무총리께 질문드렸습니다. 미국 인플레이션 감축 법안이 국제통상 규범에도 반하는 것이라고 알고 있는데, 인플레이션 감축 법안이 다자통상에 관한 국제규범이나 양자협정 규정상 어떤 법률적 문제점이 있는지 문제점이 있다면 정부는 어떻게 대응할 계획인가요? 한덕수 총리는 한미 간의 협의 채널을 통해서 우리 측의 우려를 적극적으로 제기하고 또 분쟁 해결 절차도 배제하지 않고, 국익 차원에서 전략적 대응하겠다고 답했습니다.

다음 질문은 대한민국 정부수립 후 74년 만에 어느 정부도 해내지 못했던 청와대개방을 해냈습니다. 문화체육관광부는 '문화예술역사복합공간으로 조성하겠다.'라고 계획하고 있는데 정부의 견해를 구체적으로 밝혀주시기 바랍니다. 한덕수 총리는 국민과 전문가 의견수렴을 거쳐서 활용방안을 마련할 예정이고, 주변 문화자산과 조화를 이루는 형태로 문화클러스터를 조성할 필요가 있다고 답했습니다.

다음 질문은 국가보훈처를 국가보훈부로 승격하자 하는 말씀을 드립니다. 국가보훈처가 보훈부로 승격이 되지 않아서 국무위원 자격도 안 되고, 여러 불이익을 받고 있습니다, 부령 발령권도 없습니다. 국민의 정서 상도 맞지 않습니다. 정부의 견해를 한번 밝혀주시기 바랍니다. 한덕수 총리는 의원님 말씀해 전적으로 공감합니다. 의견수렴을 바탕으로 조직 개편 방안을 조만간 마련하고 정부조직법 개정안을 국회에 제출하도록 하겠다고 답했습니다.

다음 질문으로 저는 문재인 정부의 탈원전 정책에 맞서 싸운 사람입니다. 문재인 정부의 탈원전, 신재생, 소득주도성장이 결국은 민낯이 드러나고 있습니다. 국무조정실에서 감사한 결과 무려 2,267건, 2,616억 원의 위법 사례가 적발되었고, 그중 80% 이상이 태양광 사업입니다. 빙산의 일각이라고 보는데, 이 부분을 전수조사하고 앞으로 정책이 잘못돼도 거기에 참여한 사람들이 책임진다는 선례를 만들어야 한다고 보는데, 정부의 견해를 한번 밝혀주시기 바랍니다. 한덕수 총리는 불법적인 사안에 대해서 수사 의뢰하고, 환수 등의 조치도 취하고, 관계부처와 협의해서 제도개선 방안도 마련하겠다고 답했습니다.

다음 질문으로 윤석열 정부는 특정인 배만 불리기에 동원된 탈원전·신재생에너지를 포함해서 국가 에너지 정책의 전반에 대해서 철저하게 재검토하고 국가 에너지 전반에 대해서 윤석열 정부

의 새로운 에너지 체계를 만들어야 한다고 보는데 어떻게 생각하십니까? 한덕수 총리는 2030년까지 우리의 에너지 정책에 대한 전반적인 검토가 이루어질 것으로 보고, 2050년대까지 탄소 중립을 실현하기 위한 계획도 만드는 과정이라고 답했습니다.

다음 질문으로 월성 원전 1호기 조기 폐쇄 손실 7,277억을 국민 지갑에서 메꾼다고 합니다. 전력산업기반기금이 고갈될 실정인데, 한수원은 지금까지 침묵하다가 정권이 바뀌니까 '이 돈을 산업부가 메꿔 줘야겠다. 우리는 배임으로 당하지 않겠다.' 이런 발뺌하는데, 이 부분에 대해서 어떻게 할 것인지, 그리고 전기요금, 가스요금 인상 문제로 국민이 매우 불안합니다. 정부의 생각을 한번 밝혀주시기 바랍니다. 한덕수 총리는 현재 월성 1호기 조기 폐쇄에 대한 재판이 진행 중이라서 관련 책임은 그 결과에 따라서 결정될 것이라고 답했습니다.

저는 탈원전을 주도했던 대통령과 국무총리, 산업부 장관, 한전·한수원 관계자를 비롯한 정책 입안자들에게 형법 제355조의 배임 교사와 제122조의 직무유기죄로 책임을 묻고 반드시 구상권을 청구해야 한다고 보는데 정부의 생각을 한번 밝혀주시기 바랍니다. 한덕수 총리는 일단 재판이 진행 중이기 때문에 결과가 나오면 그 결과에 따라서 결정을 하겠다고 답했습니다.

다음 질문은 문재인 정부의 탈원전·소득주도성장·신재생 정책과 함께 추진되었던 사업이 바로 울산 앞바다에 서울특별시 면적 2배의 면적에 40조의 민간자본을 유치해서 6.6GW급 대규모 부유식 해상풍력단지를 추진하는 것입니다. 30년 대통령 친구의 시정을 돕는다는 명목으로 산업부가 철저히 침묵한 사업이다. 산업부가 과기부에 제출한 기획보고서에는 B/C가 1.8로 나왔으나, 과기부 예타심사결과 B/C는 0.18밖에 나오지 않았다. 낙제 수준의 평가를 받았는데도 산업부의 경제성 부풀리기가 굉장히 의심된다고 하는데… 이 엄청난 사업을 토론 한번 없습니다. 부유식 해상풍력은 세계적으로 검증되지 않은 것인데, 울산 앞바다에서 실험 대상이 돼서는 안 됩니다. 양심을 걸고 한번 답변해 보세요. 한덕수 총리는 이 사업에 대한 진행 과정상 문제가 없는지 한번 살펴보도록 하겠습니다. 특히 관계부처가 무리한 사업 진행은 없었는지 검토하도록 그렇게 하겠습니다.

다음 질문은 독립유공자 훈격이 조정되어야 할 부분을 말씀드립니다. 독립유공자의 포상이 정권의 입맛에 따라왔다 갔다 합니다. 형평성 문제가 제대로 되었는지 또 보훈처와 행안부 등 관계부처에서는 독립유공자 훈격에 대한 재검토가 필요하다고 생각하는데, 이 부분에 대해서 총리의 입장을 한번 듣고 싶습니다. 한덕수 총리는 형평성 문제 등에 대해서는 관계부처가 점검하겠다고 답했습니다.

다음 질문으로 윤석열 정부는 지금 불합리한 그린벨트(GB) 재조정을 공약하고 있습니다. 그린벨트 부분이 순기능도 있었습니다마는 역기능도 아주 많았다. 특히 울산은 도시 중심부를 가로지르고 도시 공간구조가 단절되고 균형발전이 저해되어서 공장용지가 제대로 안 되고 여러 가지 어려움이 있는데, 이건 울산 문제뿐 아니라, 전국적인 사정이라고 보는데 이 부분에 대해서 어떻게 앞으로 그린벨트 재조정을 할 것인지 답변해 주시기 바랍니다. 한덕수 총리는 개발제한구역 제도 취지상 환경평가 기준 완화 및 해제 권한 지자체 이관은 좀 더 신중히 검토할 필요가 있지만, 지역 현안 사업이 원활히 추진되는 문제와 균형을 이루도록 개발제한구역 제도를 운용하도록 하겠다고 답했습니다.

마지막으로 반구대암각화 보존 문제와 울산 물 공급 문제가 정부의 철저한 무성의로 20년째 표류하고 있는데 정부는 어떤 대책을 마련하고 있습니까? 한덕수 총리는 이 문제는 결국 낙동강 유역 주민의 먹는 물 문제와 연결이 되어 있습니다. 그래서 이러한 먹는 물의 안전 확보를 위해서 잘 추진하면서 동시에 우리 유산이 잘 보존되도록 관련 부처와 협의하고 소통하겠다고 답했습니다.

▶ 다음은 한동훈 법무부 장관께 질문드렸습니다. 이재명 대표는 공정 세상은 법 앞의 평등에서 시작한다고 분명히 밝혔는데, 자신이 연루된 의혹 사건만 해도 대장동·백현동, 변호사 대납, 성남FC, 법인카드 유용 등 10건 가까이 됩니다. 앞으로 어떻게 하실 것입니까? 한동훈 장관은 통상적인 범죄 수사라고 생각하고, 검찰과 경찰이 통상의 사건과 마찬가지로 공정하고 투명하게 수사할 것으로 생각한다고 답했습니다.

▶ 다음으로 이상민 행정안전부 장관께 질문드렸습니다. 윤석열 정부가 비정상의 정상화 조치 첫 번째 사안이 경찰국 신설입니다. 시행령으로 경찰국을 신설한 것은 위법이라는 일각의 주장과 경찰국 신설에 따른 행정안전부 장관의 경찰 수사 지휘·개입 등에 대한 우려를 야당에서 표명하는데, 장관 견해를 밝혀주시기 바랍니다. 이상민 장관은 헌법 제96조에 행정 각부의 설치는 법률로 정하게 되어 있고, 행정안전부는 정부조직법에 근거를 두고, 정부조직법도 제2조 4항에 의하면 행정 각부 안에 있는 실장, 국장, 과장들은 대통령령으로 정하게 돼 있습니다. 그 대통령령의 수정을 통해서 경찰국을 설치했고, 경찰국은 새로운 법령에 없는 권한을 행안부 장관이 행사하기 위한 조직이 아니라, 이미 경찰법과 경찰공무원법에 개별적으로 규정되어 있는 개개의

행안부 장관의 권한 행사를 보좌하기 위한 보좌기관일 뿐입니다. 그래서 이것은 헌법과 법률에 한 치의 착오도 없이 만든 것입니다. 위헌이나 위법이라는 것은 기우에 불과합니다. 수사에 대해서 우려하시는 분들이 많은데, 경찰국은 수사하고는 전혀 상관이 없는 조직이라고 답했습니다.

2. 제388회 대정부 질문

저는 2021년 6월 22일 대정부 질문에서 공군 이 중사 문제. 군인복지. 자치 경찰. 원전산업. 탈원전에 대해서 질의했습니다.

▶ 먼저 김부겸 총리께 질문드렸습니다. 지난주에 송영길 대표도 문재인 정권이 내로남불이었고 무능했다고 고백했습니다. 문재인 정부가 1년이 남지 않았는데, 나라를 생각하는 우국충정의 마음으로 국정 기조를 전환해야 한다고 생각하는데, 어떤 생각을 하고 있습니까? 김부겸 총리는 코로나19를 이겨내서 경제 회복을 하고, 힘들고 어려운 분들을 어떻게 일으켜 세워 줄 수 있느냐 하는 게 최고의 과제라고 답했습니다.

다음으로 공군 이 중사 질문을 했습니다. 유족들의 피 끓는 심정을 정부가 헤아려서 하루라도 빨리 순직 처리를 하고, 사건도 명명백백히 밝혀서 고 이 중사의 원한을 꼭 풀어줘야 합니다. 어떻게 생각하세요? 김부겸 총리는 이 문제에 대해서 용서할 수 없는 것은 이 중사가 군대 조직에서 약자였는데, 약자를 괴롭히는 것이 용인되고, 모두 쉬쉬하는 문화라면 그것은 조직이기 이전에 소위 사람으로서의 기본적인 틀 자체가 아닌 겁니다. 제가 정부에 있는 한 끝까지 주목하고 끝까지 대안을 만들겠다고 답했습니다.

이 사건이 문재인 정부의 국방 포퓰리즘의 한 단적인 면도 상당히 있다고 생각합니다. 군인정신이 굉장히 해이해져 있고, 군인들의 복지가 너무 열악합니다. 이번 기회에 군인들의 정신전력을 강화하는 문제에 각별한 관심을 가져 주세요. 김부겸 총리는 20대의 젊은 청춘들이 억울하게 시간을 뺏긴다는 생각이 들지 않도록 다양한 형태로 제도개선을 하겠다고 답했습니다.

▶ 다음으로 서욱 국방부 장관에게 질문했습니다. 공군 법무실장과 이 중사 가해자의 변호사가 법대 동문 또 법무관 동기였고, 군인권센터는 내부 제보를 받아서 공군 군사경찰단장이 실무자의 의견을 묵살하고, 성추행 피해 사망이 아닌 단순 사망사고로 바꾸도록 했다는데, 사실이라면 위에서부터 조직적으로 은폐가 이루어진 사건인데, 철저하게 의혹을 해소해야 합니다. 서욱 장관은 철저하게 수사하겠다고 답했습니다.

▶ 다음은 전해철 행정안전부 장관에게 질문했습니다. 7월부터 자치경찰제가 시작되는데, 자치 경찰은 자치단체장으로부터 얼마나 중립성을 확보하느냐가 관건인데, 동의하십니까? 전해철 장관은 자치경찰제가 성공하기 위해서는 지방자치단체장에 대한 독립성이 담보돼야 한다고 답했습니다.

지난 선거에서 지방 권력을 싹쓸이한 민주당이 시·도자치경찰위원회도 다 싹쓸이하고 있다. 시도 광역의회에서 2명을 추천하게 되어 있는데, 전국적으로 조사를 해보면 민주당이 두 석을 다 가져가 버렸어요. 어떻게 생각하세요? 전해철 장관은 자신들도 문제가 있었다고 답했습니다.

지금이라도 협치 또 자치 경찰 본래의 의미에 대해서, 통 큰 양보 내지는 협치를 해야 할 시점이라고 생각하기에 지금이라도 수정·보완할 부분이 있으면 수정·보완해서 7월 자치 경찰이 출범하는 게 맞다고 생각합니다. 전해철 장관은 문제가 있었던 부분은 시행된 이후라도 필요한 제도개선을 하겠다고 답했습니다.

▶ 다시 김부겸 총리께 질문드렸습니다. 문재인 대통령이 이 원전산업을 경제 논리로 보지 않고 좌파 운동권의 정치이념으로 봤다. 허무맹랑한 괴담으로 탈원전이 시작되었다고 생각합니다. 대통령이 잘못된 정치이념에 사로잡히면 국가에 얼마나 많은 해악을 끼치는지 제가 산자위에서 6년 동안 똑똑히 봤습니다. 지금이라도 원전의 맥이라도 잇도록 총리께서 중간 역할을 해 줬으면

좋겠다는 간절한 마음으로 말씀드리는데, 총리의 의견을 묻고 싶습니다. 김부겸 총리는 원전의 핵폐기물 문제를 해결 못 하고 있습니다. 월성에 가보시면 사용 후 핵연료봉을 어떻게 보관하는지 보시면… 이 문제에 관한 확실한 해답이 없는 가운데, 원전을 할 수밖에 없다고 하는 것은 무책임한 생각이라고 답했습니다.

총리님, 제가 답답하게 생각하는 것은, 제가 스웨덴과 핀란드 헬싱키의 고준위 핵폐기물 처리장을 다 둘러봤습니다. 지하 500m예요. 현재도 안전하게 처리할 수 있습니다. 그런데 이 정부는 한 번도 원전 전문가들 의견도 안 듣고… 지금 경주 월성 원전을 비롯해서 포화상태에 있어도, 한 번도 처리장 확보 문제에 대해서 고민하지 않아요. 원전 전문가들 얘기를 한번 들어보세요. 이 정부는 도대체 전문가들 얘기는 안 듣고 전부 다 운동권, 환경론자들 그 사람들 얘기만 들으니까 국가의 총체적인 원전 위기가 왔잖아요. 김부겸 총리는 고준위 폐기물에 대해서는 감당할 수 없는 폭탄입니다. 에너지문제는 여야가 함께, 정부도 필요하면 불러주시고, 전문가들과 함께 논하겠다고 답했습니다.

총리님, 정부 관계자들도 "이채익 의원의 원전 주장 동의한다." 송영길 대표도 지금 그런 얘기를 하고 있잖아요. 그런데 도대체 대통령 말 한마디에 국가의 원전산업이 망가지고… 또 한전의 적자가 얼마나 많습니까, 국민을 호도하면 안 됩니다. 김부겸 총리는 에너지문제는 즉답을 드릴 수는 없는 문제 아니라고 답했습니다.

저희가 여론조사를 10회 해 봤는데, 국민의 70% 정도가 원전 정책은 계속 가야 한다, 문재인 정부의 에너지 전환, 탈원전 정책이 잘못됐다고 얘기하고 있다. 왜 이 정부는 이러한 것을 철저히 무시하고 전문가 의견도 안 듣고 여론조사도 안 하고 귀를 막고 있느냐 이 말이에요. 한번 답변해 보세요. 김부겸 총리는 에너지 전환에 관한 정책들은 정부가 왔다 갔다 한 사실은 없다고 답했습니다.

울산을 찾은
윤석열 대선 후보

국회서 광복회
총사령 박상진
특별전 개최

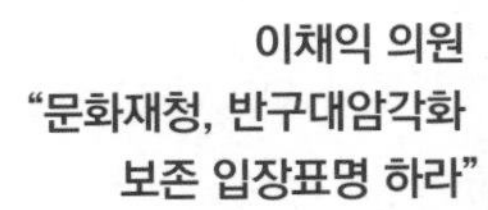

이채익 의원
"문화재청, 반구대암각화
보존 입장표명 하라"

3. 제367회 대정부 질문

저는 2019년 3월 22일 국회 대정부 질문에서 서해수호의 날. 박근혜 대통령 사면. 미세먼지. 청와대의 답변. 울산시장 부정선거에 대해서 질의했습니다.

▶ 먼저 이낙연 국무총리께 질문했습니다. 정경두 국방부 장관께서는 2010년 천안함 폭침 등 북한의 도발에 대해 '서해상에서 있었던 여러 가지 불미스러운 남북 간 충돌'이라고 말했습니다. 총리께서도 북한의 도발을 남북 간의 충돌이라고 생각하십니까? 이낙연 총리는 천안함은 피격된 것이고, 북한의 도발에 의한 것들이 대부분이었다고 답했습니다.

오늘 대통령께서는 서해수호의 날 행사에 참석을 안 하셨습니까? 작년에는 해외 순방을 한다고 참석 안 했고, 오늘은 협동 로봇 퍼포먼스 행사장에 참석하신다고 참석을 안 했는데, 대통령을 모시는 국무총리나 내각의 자세가 아니다, 행사의 성격상 대통령께서 참석해야 한다. 혹시 김정은 국방위원장 눈치를 본 것입니까? 이낙연 총리는 대통령께서 서해에서 희생되신 용사들에 대한 애통한 심정을 SNS에 올린 것을 보았다고 답했습니다.

본 의원은 참으로 유감스럽게 생각합니다. 고 김대중 대통령께

서는 남북통일에 대한 집념을 갖고 남북통일을 위해서는 남남갈등을 없애야 한다고 말씀하셨습니다. 그러한 뜻에서 김대중 대통령께서는 살아생전에 박정희 전 대통령과 정치적 화해를 위해 당시 박근혜 당 대표와 화해하셨습니다. 전직 대통령을 비롯해 적폐청산이라는 명목으로 많은 전 전 정부 인사들이 투옥되었는데, 국민 대화합 차원에서 8·15 광복절에 대사면을 대통령에게 건의하실 용의는 없습니까? 이낙연 총리는 그것은 대통령의 고유권한이어서 제가 이렇다 저렇다 말씀드리는 것은 도리가 아니라고 답했습니다.

다음으로 미세먼지는 국민의 생명이 걸린 문제입니다. 문재인 정부는 어떤 미세먼지 대책을 준비하고 있습니까? 이낙연 총리는 노후 석탄발전소 4기 폐쇄 또 비상저감 조처할 때는 가동의 제한, 경유차의 감축, 일부 차량의 제한, 일부 지자체에서 행해지고 있는 차량의 제한이 주된 대책이고, 학교나 유치원, 특수학교 같은 곳에 공기정화 장치를 설치하고, 국회에서 미세먼지 관련법을 통과시켜 주셨기에 그것에 따라서 추가로 가능해지는 조치들이 있을 거라고 답했습니다.

문재인 정부가 미세먼지를 줄인다고 하면서 정반대의 정책을 펼치고 있다고 생각합니다. (영상자료를 보며) 미세먼지가 없는 최고의 경제성 있는 과학적으로 증명된 원전은 줄이고, LNG라든지 화력 석탄발전은 더 늘리고, 문재인 정부가 들어와서 삼척에는 석탄화력발전소를 허가하고 있습니다. 앞뒤가 안 맞습니다. 또한, 온 산천을 파헤쳐서 태양광 하는 것은 용납할 수 없습니다. 문재인 정부는 탈원전이 반헌법적이라는 전문가들의 지적이 아주 많은데, 탈원전이 대통령의 탄핵 사유에 해당한다는 주장이 많습니다. 총리는 어떻게 생각하세요? 이낙연 총리는 탈원전이 올봄 미세먼지의 원인이라는 것은 과학적인 말씀은 아니십니다. 지금 원전 발전량은 늘어나고 있고, 2024년까지 발전설비와 발전량이 계속 늘어납니다. 그렇다면 미세먼지가 줄었어야 옳은 것 아닙니까? 그리고 석탄화력발전소는 이전 정권에서 11기의 인허가를 끝냈다고 답했습니다.

지금 이낙연 총리의 답변이 틀린 것은 2016년도에 원전가동률이 80%를 넘었습니다. 그런데 이 정부 들어와서 60%대, 65% 정도로 낮추었습니다. 원전이 준 부분을 미세먼지가 많은 LNG·석탄 화력을 더 늘렸습니다. 그러므로 미세먼지에 반하는 정책을 펼치고 있다. 2009년도에는 민주당 최고위원회의에서 4대강 사업을 이명박 대통령의 탄핵 사유로 주장하기도 했습니다. 더불어 민주당의 송영길·최운열 같은 의원이 신한울 3·4호기 건설을 재개해야 한다고 얘기하고 있습니다. 여권 내에서도 파열음이 나오는데, 탈원전 정책을 재고할 시점 아닙니까? 이낙연 총리는 원전 가동률이 지난해에 낮았던 것은 탈원전 정책 때문이 아니라, 부실 공사에 따른 원전 정비를 위해서 불가피하게 그랬던 것이고, 그건 원전 안전에 관한 것이었습니다. 그리고 송영길 의원님, 최운열 의원님 말씀을 주셨는데 여쭈어보니까 원전의 단계적 감축을 말한 것이라고 설명하고 계십니다. 그런 점이라면 정부의 정책과 같다고 답했습니다.

원전가동률이 준 것은 운동권 원전 관련 책임자들이 의도적으로 보수·안전을 명목으로 가동률을 줄인 겁니다. 국민께 거짓말을 하면 안 됩니다. 신한울 3·4호기 건설 중단으로 두산중공업에 배·보상을 해야 할 부분이 한 4,950억 정도입니다. 이것 어떻게 할 거예요? 이낙연 총리는 협의가 이루어지고 있다고 답했습니다.

기업이 지금 다 죽게 되어 있어요. 이 정부가 3년째 들어왔는데 아직도 협의할 거예요? 홍남기 부총리가 국무조정실장을 할 때 고리 5호기 공론화위 활동은, 그때 공론화할 때는 신고리 5·6 호기 건설 중단 여부에 한한다고 몇 번을 얘기했어요. 그런데 지금 정부는 탈원전에 대한 공론화를 다 마쳤다… 이 말과 전혀 다른 얘기 아니에요? 이낙연 총리는 공론화위원회가 원래 출발할 때의 취지는 지금 말씀이 맞습니다. 신고리 5·6호기를 어떻게 할 것인가 하는 것이었는데, 공론화위원회가 결론 내기를 신고리 5·6호기는 공사를 재개하는 것이 좋겠다, 다른 원전은 건설을 자제하는 것이 좋겠다는 결론이었다고 답했습니다.

그래서 정부 내에서도 분명히 지난번 공론화는 5·6호기 건설 중단 여부에 한한다고 그렇게 공론화를 규정했는데도, 이 정부가 신규 원전 6기를 그 당시의 공론화위 여론조사로 밀어붙이는 부분은 저는 분명히 반헌법적이라고 말씀드렸습니다.

그리고 지난번에 이 자리에 계신 김부겸 장관이나 박상기 장관은 청와대의 청원에 따라서 버닝썬·김학의 사건 등 조사에 착수한다고 했는데, 제1야당이 지금 44만 명 넘는 서명부를 청와대에 전달했는데, 왜 답변을 안 하세요? 분명히 20만 명 넘으면 대통령이 답변하게 되어 있잖아요. 이낙연 총리는 관계 비서관실에 답변해 달라고 요구하겠다고 답했습니다.

그러니까 국민이 이 정부를 이해 못 하는 것이에요. 자기네들한테 좋은 것만 하고 나쁜 것은 답변을 안 하고 말이지요. 이낙연 총리는 버닝썬이 정부한테 좋은 것인가요? 라고 말꼬리를 잡자. 말꼬리 잡지 말라고 했습니다.

산업부가 심야(경부하) 전기료를 5~10% 인상을 검토하고 있다는데, 사실이에요? 이낙연 총리는 그런 얘기를 들은 적이 없고, 전기요금 인상은 검토되고 있지 않다고 답했습니다.

그러니까 국무총리가 국정에 대해서 모르고 있잖아요. 지금 정부는 5~10% 인상한다고 해서 지금 온 기업이 비상인데, 그것을 국무총리가 아직 몰라요? 이낙연 총리는 아마도 가정용 전기요금 누진제 개편 얘기가 작년 폭염 때부터 나와서 그 문제를 검토하면서 국민의 전기료 부담 총량이 늘지 않는 방법이 뭘까 등등을 궁리하고 있는 것이지 전기요금 인상을 검토하는 것은 아니라고 답했습니다.

지난 2017년 11월에 발생한 포항지진이 자연 재난이 아니라, 정부의 국책사업인 지열발전 때문으로 밝혀졌습니다. 이 부분에 대해서 피해지역 주민들이 정부에 특별법 제정을 해 달라고 요구하는데, 정부가 제정할 용의가 있습니까? 이낙연 총리는 지금 그 소송이 진행되고 있고, 법원의 법적 판단을 보고 정부의 대응도 준비하겠다고 답했습니다.

다음으로 조금 전에 존경하는 윤재옥 의원께서도 지난 지방선거 전, 울산시장 선거 때 경찰의 선거 개입에 대해서 말씀하셨는데, 김태우 전 수사관도 '지방선거 전, 울산시장 수사 동향 보고서를 본 적이 있다.' 이렇게 지금 증언하고 있습니다. 충분히 청와대가 야당 광역단체장을 사찰했을 가능성이 있다고 보는데, 이 부분 어떻게 생각하십니까? 이낙연 총리는 전혀 아는 게 없다고 답했습니다.

그러면 총리는 아는 게 뭐가 있어요? 언론에 보도가 됐는데, 이 엄청난 사실을 국무총리가 모른다고 하면 어떡합니까? 그래서 이 정부에 이런 문제가 드러나는 것 아니에요? 어떻게 광역자치단체장이 경찰 수사를 받는데, 공천받는 날 압수수색을 당하는데, 행정안전부 장관이 보고를 안 받고 국무총리도 모르고, 이게 정상적인 국가입니까? 만약 민주당이 지금 야당 같으면 여러분들이 가만히 있었겠어요? 어느 정도 국민 상식선에서 답변해야 할 것 아니에요? 이낙연 총리는 모르니까 모른다고 말씀을 드린다고 답했습니다.

총리님, 내년 총선을 앞두고 선거관리를 지휘해야 할 중앙선거관리위원회에 민주당의 대선 특보 조해주가 임명됐습니다. 이게 정상적인 겁니까? 이낙연 총리는 보도를 통해서 보기로는 이분이 캠프에 역할이 별로 없었고, 오히려 선거관리 쪽의 업무 기간이 훨씬 길었고, 캠프에서의 역할은 별로 없었다고 듣고 있다고 답했습니다.

하여튼 저는 오늘 역할을 조금이라도 한 거로 이해하겠습니다. 선거 보도심의위원회의 역할이 매우 중요합니다. 총리님, 허위·과장 보도가 난무하지 않도록 방심위와 선관위 등 관련 부처가 합동대책을 마련해야 할 것으로 보는데, 이 부분에 대해서 어떻게 생각하세요? 이낙연 총리는 저도 지금 같은 허위 조작 정보의 범람을 더는 묵인해서는 안 된다고 생각합니다. 방심위나 관계기관들이 더 노력해 주기를 바라고, 단지 법적인 제약은 있다는 말을 늘 듣고 있습니다. 총리도 불만이라고 답했습니다.

▶ 다음으로 김부겸 행정안전부 장관께 질문드렸습니다. 오늘 국민일보를 보면, 지난번 울산지방선거전 경찰의 정치 수사는 하명수사다, 경찰청이 찍어서 "이 수사 해라." 하명수사로 드러났고, 검찰에서도 여러 번 문제를 지적했는데도 불구하고 경찰청장이 김부겸 장관한테도 보고 안 하고 본청장한테도 보고도 안 하고 수사하고, 이게 정상적인 거예요? 그리고 선거 당시 황운하 청장과 김부겸 장관, 여당 후보하고 여럿이서 울산에서 회동했다는데 사실입니까? 김부겸 장관은 저나 청장이 지시하지 않았고, 회동은 없었다고 답했습니다.

▶ 다음으로 박상기 법무부 장관께 질문드렸습니다. 울산 경찰이 김기현 낙마용 수사를 벌인 문제에 대해서 앞으로 검찰은 어떻게 수사하실 것입니까? 제1야당은 이 수사가 부족하면 특검을 요구할 수밖에 없습니다. 철저히 수사해 주시기 바랍니다. 박상기 장관은 최근 검찰이 불기소 결정을 했는데, 불기소 결정을 했기에 종결된 것으로 알고, 앞으로 수사 진행 상황에 대해서는 지금 단계에서 말할 수 없다고 답했습니다.

▶ 다음은 유은혜 부총리 겸 교육부 장관께 질문드렸습니다. 경기도의회가 전범 기업 회사의 상품에 표기하겠다는 문제와 어린이 안전대책, 이 문제에 대해서 간단히 답변 좀 해주시기 바랍니다. 유은혜 장관은 아마 3·1운동 100주년을 기념하면서 각 시·

도 교육청별로 독립운동의 정신을 우리 학생들하고 함양하는 계기 수업 같은 것으로 알고 있고, 그중에 일부 그런 얘기들이 되는 것으로 알고 있는데, 정확한 내용은 다시 확인해서 알려주겠다고 답했습니다.

▶ 다시 이낙연 총리께 질문드렸습니다. 울산경제의 심각성을 알고 계시지요? 울산에는 지금 조선산업이 굉장히 어려움을 겪고 있고, 수소산업을 국가산업으로 올려야겠다는 열망이 있습니다. 그리고 울산중소기업청사 건립, 국립산업기술박물관 건립, 옥동 군부대 이전 사업, 지상 통합 파이프랙 구축사업, 삼호동·태화동 송전선로 지중화 사업, 울주군청사 일원 도시재생 뉴딜 사업, 삼호동 일원 도시재생 사업, 울산 외곽순환고속도로·공공병원 등 많은 사업이 있습니다. 이 부분에 대해서 서면으로 답변해 주시기 바랍니다. 이낙연 총리는 그렇게 하겠다고 답했습니다.

▶ 이주영 부의장 : 이채익 의원, 인사도 좀 하고 가세요. (웃음소리) 수고하셨습니다.

4. 제354회 대정부 질문

저는 2017년 9월 13일 대정부 질문에서 탈원전 정책에 대해서 질의했습니다.

▶ 이낙연 총리께 질문드렸습니다. 방금 김대중·노무현 전 대통령께서 원전의 세계적인 안전성과 세계가 탈원전 정책으로 가지 않습니다, 우리나라의 원전기술 수준과 안전성에 대해서 높이 평가하고 있습니다. 총리께서는 저 연설을 보고 어떤 생각을 했습니까? 이낙연 총리는 그 당시 혜안으로 그런 판단을 하셨으리라고 본다고 답했습니다.

문재인 대통령은 2017년 6월 19일 고리 영구정지 선포식에서 신규 원전 백지화, 설계수명 연장 금지, 월성 1호기를 되는대로 빨리 폐쇄하겠다고 연설했는데, 정부의 정책으로 봐도 무방합니까? 이낙연 총리는 그렇다고 답했습니다.

만약 신고리 5·6호기가 영구정지로 결정 나면 배·보상의 주체는 누구입니까? 이낙연 총리는 아직 절차가 진행 중이기에 결과를 예단해서 말씀드리지 않는 것이 좋다고 답했습니다.

배추 장수도 계획이 있는데 3조 가까이 되는 배·보상 문제를 가정해서 답변을 못 한다? 단돈 1억도 예산을 갖고 하는데, 3조 가까운 돈을 어떻게 할지 아무 계획도 없다는 얘기를 듣는 국민이 어떻게 생각하실까요? 이낙연 총리는 계획이 없다는 말씀이 아니라, 예단해서 말씀드리는 것은 적절치 않다고 답했습니다.

이미 허가된 신규 석탄발전현황을 봐주시기 바랍니다. 지금 신서천을 포함해서 매몰비가 2조 8,000억 정도 됩니다. 이 부분은 어떻게 배·보상할 겁니까? 이낙연 총리는 이것은 강제하고 있지 않다고 답했습니다.

그러니까 이 정부가 거짓말한다는 말이에요. 지금 업계에서는 LNG로 전환하라, 그렇게 정부가 강제하고 있습니다. 신서천은 민간 발전이 아닌데, 그 부분 배·보상은 누가 합니까? 이낙연 총리는 결과를 예단해서 말씀드릴 단계는 아니라고 답했습니다.

총리께서 현장 행정이 얼마나 부족하냐면, 해안가에 지어야 할 석탄발전을 다 허가해 놓고… 도심지 한복판에 있어야 할 LNG 발전을 석탄발전으로 바꿨을 때, 경제성과 거기에 과연 입지조건이 바르다고 생각합니까? 그리고 국회에 보고 한마디 안 했습니다. 5.6호기도 국회에 보고 안 했습니다. 어떻게 생각하세요? 이낙연 총리는 그래서 지금 추궁당하고 있다고 답했습니다.

사패산터널 공사, 경부고속철 천성산 구간 피해 규모 영상을 봐주시기 바랍니다. 어떻게 저렇게 똑같습니까? 사패산터널 공사는 당시 노무현 대통령께서 공약하고, 공론화한 것인데, 예산을 5,500억 날렸습니다. 제가 경부고속철 정족산에서 태어난 사람입니다. 거기 도롱뇽 때문에 공사가 1년 넘게 중단되어서 2조 5,000억 예산을 낭비했습니다. 이래도 됩니까? 이낙연 총리는 민주주의 비용이라고 답했습니다.

저는 문재인 정부의 탈원전 정책 후 밤마다 눈물을 흘리지 않는 날이 없습니다. 나는 왜 정치를 하는가? 이런 정치 해야 합니까? 문재인 정부는 집권 여당입니다. 당당하게 하시면 됩니다. 사패산터널은 공사 안 해서 될 일입니까? 결국에는 돈만 날리고 갈등만 유발하고, 정족산 도롱뇽 때문에 지율 스님 설득하는데, 1년 5개월 걸려서 결국에는 예산 낭비하고, 왜 그런 일을 합니까? 이낙연 총리는 갈등을 유발하기 전에 이미 갈등은 있었고, 그 갈등을 조정하는 데 비용과 시간이 걸렸다고 답했습니다.

신고리 4호기, 신한울 1, 2호기 관련 화면을 봐주시기 바랍니다. 이 부분도 지금 거의 공정이 다 끝났습니다. 그런데 왜 상업운전 허가를 안 합니까? 문재인 정부가 좀 당당했으면 좋겠습니다. 협조할 부분은 야당에 협조하십시오. 왜 이렇게 실험 정권의 모습을 계속 보입니까? 이낙연 총리는 신고리 5·6호기는 주민들 사이에 찬반이 있었기에 국민의 뜻을 받들고자 지금 공론화 과정을 거치고 있다고 답했습니다.

총리께서는 원전 관련 과학자들 얘기를 들어 봤습니까? 외국에서는 대한민국이 이상한 거 아니냐? 정신이 나간 사람들 아닌가? 세계에서 제일가는 원전을 없앤다. 뭣 때문에 없애느냐? 원전과 지진이 어떻게 맞는가? 문재인 정부와 이낙연 총리는 겸손한, 남의 얘기를 듣는 그런 정부가 되기를 바랍니다. (장내 소란) 저는 이낙연 총리를 존경했습니다. 언론인으로서, 국회에서도 젠틀한 정치인이고 또 민선 지사까지 하시고, 정말 열린 사고를 하는 훌륭한 정치인으로 보았습니다. 제가 예고 없이 국무총리실을 방문했을 때, 흔쾌히 40분 가까이 할애해 주시는 모습에 감동했습니다. 그때 큰 충격을 받았습니다. "의원님, 문재인 정부가 공약했고, 압도적 지지로 당선되었으면 물어보지 않고 바로 해체해도 되지. 우리는 공론화 과정을 거치는데, 얼마나 점잖은 정부입니까? 칭찬받아야 할 정부 아닙니까?" 이런 식의 얘기를 했습니다. 이낙연 총리는 자신은 그렇게 거칠게 말하는 사람은 아니라고 답했습니다.

워딩 자체가 정확하지는 않지만, 대충 그런 방식으로 얘기를 들었습니다. 이제 문재인 정부는 여론을 의식하지 마십시오. 어느 정도 여론을 의식해야 하지만, 국가적인 대사를 갖고 왜 여론정치를 합니까? 이 정부가 원전정책을 갖고 국민참여단 500명을 했는데, 그러면 왜 신·재생 정책에 대해서는 여론을 물어보지 않습니까? 신·재생 정책도 500명 물어보아야 하지요. 이낙연 총리는 신·재생에너지 정책에 대해서는 갈등이 표출되어서 국민 사이에 찬반이 부닥치거나 그런 사안은 아직 없다고 답했습니다.

문재인 정부도 앞으로 향후 60년 원전 가동을 얘기하고 있잖아요? 정말 책임 있는 정부라면 사용후핵연료 공론화위원회의 권고안을 받아들여서 어떻게 하면 사용후핵연료를 해결할 것인가를 고민해야 합니다. 해야 할 일은 안 하고, 할 필요도 없는 일을 해서 온 나라를 두 동강 내고 국론을 분열시키고, 왜 이런 일을 합니까? 이낙연 총리는 사용후핵연료 문제에 대해서 저희가 준비하고 있는 것을 곧 국민께 알리고 국민의 뜻을 받들게 될 것이라고 답했습니다.

북핵에 대해서는 그토록 관대한 정부가, 대통령께서도 남한의 경제적 사용을 핵발전소로 얘기하는 모습을 정말 이해할 수 없습니다. 국무총리께서도 원전을 핵발전소로 이해하고 있습니까? 이낙연 총리는 원자력의 평화적 이용과 핵무장 문제는 구분되는 것이 옳다고 답했습니다.

▶ 이제 대한민국의 에너지 안보 차원에서도 원자력은 더욱 발전시키고, R&D는 예산을 더 주어야 합니다. 원전 말살 정책은 꼭 시정되어야 합니다. 문재인 정부가 국민을 두려워하는 정부가 되어주시기를 간절히 바랍니다.

5. 제347회 대정부 질문

저는 2016년 12월 21일 대정부 질문에서 헌법개정, 박근혜 대통령 탄핵심판, 사드, 한일 군사협정, 여·야·정 협의체, 공공기관장 인사 문제, 군기강, 울산 옥동 군부대 이전문제를 집중 질의했습니다.

▶ 먼저 황교안 총리께 질문드렸습니다. 2016년 10월 24일 대통령께서 국회 시정연설에서 "임기 내 헌법개정을 완수하기 위해서 정부 내에 헌법개정을 위한 조직을 설치해서 국민의 여망을 담는 개헌안을 마련하도록 하겠다"라는 말씀을 하셨습니다. 정부는 현재 헌법개정을 위한 어떠한 준비를 하고 있습니까? 황교안 총리는 필요한 TF를 만들기 위한 준비를 하고 있었는데, 최근 국회에 개헌특위가 만들어졌기에 그 협의 과정을 지원하고 그걸 참고해서 정부의 할 일들을 찾겠다고 답했습니다.

저는 견해를 달리합니다. 지금 국회의 개헌특위 부분을 보고 지원하겠다는데, 그렇게 해서는 국민의 여망을 받들지 못합니다. 이번 광장 민심은 대통령제의 폐해는 이제는 극복돼야 한다, 개헌을 통해서 권력을 분산하고 새로운 헌법에 경제민주화 또 지방분권 또 여러 가지 소수자에 대해 배려 또 총선이나 대선 또 지방선거의 일정 조정 등 이런 부분을 담아내야 한다는 게 국민의 여망입니다. 그래서 정부에서 빨리 헌법개정을 위한 전담 조직을 만들어야 한다고 생각하는데 대행께서는 어떻게 생각하십니까? 황교안 총리는 기본적으로 먼저 국회에 개헌특위가 만들어졌기에 거기서 논의가 진행되는 것이 필요하고, 의원님께서 말씀하신 부분도 고려하겠다고 답했습니다.

정부가 능동적으로 과감하게, 또 권한대행께서 소신껏 헌법개정을 위한 조직을 꼭 만들어 주시기를… 대통령이 탄핵당했다고 대한민국이 한시도 멈춰서는 안 됩니다. 이 여망을 꼭 정부 조직에 설치해서 정부와 국회가 같이 개헌 문제에 동력을 받았으면 좋겠습니다. 여론조사에 의하면 국민의 70%가 권력 분산을 위한 개헌 필요성에 공감한다고 얘기하고 있습니다. 정부는 동의하십니까? 황교안 총리는 동의하는 부분도 있다고 답했습니다.

지금까지 여섯 분의 대통령이 지나갔지만, 모두 불행한 과거를 맞이했습니다. 그래서 저는 지금이 개헌의 적기라 생각합니다. 정부는 구체적인 개헌의 시기가 언제라고 생각하십니까? 황교안 총리는 지금 단계에서는 개헌의 시점을 말씀드리기는 어렵지만, 국민의 뜻을 모아서 국회와 함께 개헌의 발걸음을 걸어가는 것이 필요하다고 답했습니다.

지금 안철수, 박지원, 손학규 전 대표 등 야당 지도자들 거의 다 개헌에 찬성하고 있습니다마는 문재인 전 대표만이 “개헌이 필요하지만, 지금은 아니다.” 이렇게 해서 아직도 제왕적 대통령제에 대한 미련을 갖고 계시지 않은가, 저는 이렇게 생각하는데,

내년 대선에는 대통령의 임기를 단축하더라도 국회의원 선거와 대통령선거를 일치시키는 방향으로 나아가야 한다, 그리고 지방 분권, 경제민주화, 대통령에 집중된 인사권을 이제 과감하게 개선해야 한다고 보는데 이 부분에 대해서 어떻게 생각하십니까? 황교안 총리는 국민께서도 그런 얘기를 하시는 분도 많이 계시고, 그 외에도 여러 가지 의견들이 나오고 있으므로 이런 부분들을 이제 개헌 논의가 진행되면 충분하게 같이 검토해 볼 수 있다고 답했습니다.

또한, 야당의 유력 대선주자께서는 박근혜 대통령 탄핵심판이 기각될 경우 혁명밖에 없다, 또 대한민국 법치주의… 혁명밖에 없다. 이런 발언을 서슴지 않는데, 이것은 법치주의의 기본질서를 파괴하는 발언입니다. 정부 또 대행께서는 이 발언에 대해서 어떻게 생각하십니까? 황교안 총리는 대한민국은 자유민주 국가라서 어떤 경우에도 헌법에 정한 절차와 방법을 따라야 한다고 답했습니다.

박지원 원내대표께서도 "지극히 위험하다. 광장의 분노가 혼란과 불안으로 이어져서는 안 된다." 이렇게 야권에서도 지적하고 있고, 많은 민주당 의원들도 이 발언에 동조하고 있는 것으로 아는데, 저는 매우 걱정스러운 발언이 아닌가 생각합니다. 오늘의 우리나라는 여론이 제대로 생성되지 않는다고 봅니다. 그래서 대행께서는 이번 촛불 민심을 제도권으로 받아들여야 한다고 생각합니까? 황교안 총리는 기본적으로 제도화되기 위해서는 국회의 역할이 중요하고 또 정부도 국민의 뜻을 널리 수렴하고 또 그것을 경청해서 정책에 반영해 나가야 한다고 생각하고, 그런 과정에서 국민의 의견을 충분히 얘기하는 방법들을 같이 마련하는 것이 중요하다고 답했습니다.

안보에는 여야가 없다, 이게 오랜 우리 정치권의 관행이었습니다. 특히 안보 문제는 유비무환의 자세로 임해야 한다고 생각합니다. 사드 배치와 한일 군사 보호 협정이 어떻게 진행되고 있습니까? 황교안 총리는 사드 문제는 한미 간의 협의를 거쳐서 어디에 배치할 것이냐 하는 것에 결론에 이르렀고, 지금 부지를 확보하기 위한 절차가 진행 중인 것으로 알고 있습니다. 이런 것들이 끝나면 그 뒤의 절차들은 법의 테두리 안에서 진행할 것이라고 답했습니다.

한일 군사협정 문제는요? 황교안 총리는 그것도 마찬가지로 한일 간에 협정이 체결됐습니다. 한일 정보보호협정이라고 하는 것은 북한의 핵 위협에 대응하기 위한 불가피한 조약입니다. 북한이 올해 들어 수 없는 도발을 하고 있는데, 물론 미국으로부터도 많은 정보를 공유하고 있습니다마는 일본도 인접한 국가로서 상당히 많은 방위자산을 가지고 있습니다. 그 정보가 긴밀하게 공유되는 것이 북한의 핵 도발에 대한 대응에 유용하기에 부득이하게 체결했다고 답했습니다.

다음으로 여·야·정 협의체 구성과 관련해서 지금 어떻게 추진되고 있습니까? 황교안 총리는 국회에서 여·야·정 협의체 구성에 관한 말씀이 있었고, 물론 그전에도 경제 협력은 여·야·정에서 같이 모여서 협의해 왔습니다. 정부로서는 적극적으로 여·야·정 협의회가 진행되기를 바라고 있고, 정부도 필요한 조치를 세우겠다고 답했습니다.

다음으로는 공공기관장 인사 문제와 관련해서 질문드립니다. 인사 문제는 선제적이고 또 적극적으로 해야 한다고 생각합니다. 국정의 연속성 차원에서 인사 문제가 지체된다면 공백이 있을 수밖에 없으므로 공공기관의 경영 공백을 메우기 위해서도 최소한의 인사는 대행께서 적극적으로 챙겨야 한다고 생각하는데, 그렇게 하실 용의가 있습니까? 황교안 총리는 대통령 권한대행이 과연 인사권을 행사하는 것이 적정하냐에 관한 우려의 말씀도 있으므로 임기가 끝났거나 공석이 되었거나 운영에 공백이 생긴 기관들에 대해서 부득이한 경우에는 필요한 인사가 할 수밖에 없다. 이것이 정부의 생각이고, 국회에도 설명했습니다. 앞으로도 이런 부분에서 국가 경제를 살려 나가고, 일자리를 만들어가는 데 지장이 없도록 최선을 다하겠다고 답했습니다.

▶ 다음으로 한민구 국방부 장관께 질문드렸습니다. 최근 53사단 예비군 훈련장 폭팔사고 또 국방망이 북한으로 추정되는 해킹 세력에 의해서 뚫리고 또 검찰이 외국 방산업체로 군 기밀이 대량 유출된 상황을 지금, 방위청을 압수수색 한 사실이 있었잖아요. 그리고 대북 확성기 도입 사업 과정에서 부정을 저지른 군

관계자가 있었고 또 국군기무사령부 소령의 인터넷 성매매 알선 혐의 등 국가 비상사태에 군의 기강이 정말 도를 넘었다고 생각합니다. 어떻게 생각하십니까? 한민구 장관은 군이 어떠한 정치 상황에도 좌고우면하지 않고, 군에 부여된 기본 임무인 국민과 국가를 보위하기 위해서 최선을 다하고 있습니다. 다만 일부 부대에서 그와 같은 안전사고나 보안사고 이런 것들이 있어서 대단히 송구스럽게 생각하고, 그 부분에 대해서는 조사 또는 수사하고 원인을 규명해서 대책을 마련하고 있다고 답했습니다.

다음은 울산 옥동 군부대 이전과 관련해서 본 의원이 여러 차례 지적했는데 정부가 특별회계 방식을 취해서 적극적으로 부대 이전을 추진해 줬으면 좋겠다는 생각을 하는데, 정부는 어떤 계획을 하고 있습니까? 한민구 장관은 옥동에 있는 127연대 본부 및 1대대 주둔지는 도심의 한가운데에 있으므로 이전의 필요성이 충분히 있다고 판단하고 있고 또 울산시와 협의해서 지금까지 기부 대 양여방식으로 해 오는 것이 전형적인 방법인데, 지금 의원님이 말씀하시는 그런 방안이 가능한지를 추가로 검토해서 주민 요구에 군이 적극적으로 부응하는 차원에서 해결될 수 있도록 노력하겠다고 답했습니다.

▶ 다음으로 홍윤식 행정자치부 장관께 질문드렸습니다. 지금 전국적으로 기초단체장, 광역단체장이 사실상 사전선거운동을 하면서 근무지 이탈을 하고 전국을 돌아다니고 시국강연회 등을 하고 있습니다. 정부는 이런 걸 계속 보고 방치만 합니까? 앞으

로 어떻게 하실 겁니까? 홍윤식 장관은 그 문제에 대해서는 예의 모니터링하고 있다고 답했습니다.

▶ 박주선 부의장 : 이채익 의원 수고하셨습니다. 방청석에서 잘하셨다고 그럽니다. 지금 방청석에는 광주 북구갑 지역구 주민 15인이 김경진 의원 소개로 방청하고 계시고, 또 유은혜 의원님 소개로 경기 고양시병 지역주민 다섯 분이 방청하고 계십니다. 국회 방문을 환영합니다.

6. 제343회 대정부 질문

저는 2016년 7월 5일 대정부 질문에서 사드, 참여연대에 대한 압수수색, 대우조선해양의 5조 원이 넘는 분식회계, 변호사 착수금, 울산 반구대암각화 보존에 대해 질의했습니다.

▶ 먼저 한민구 국방부 장관께 질문드렸습니다. 한반도 사드 배치와 관련해서 지역이 정해졌는지, 배치 시기는 어떻게 되는지 궁금합니다. 한민구 장관은 사드 배치와 관련해서는 한미 공동실무단이 현재 협의 중이고, 오늘 아침에 보도가 된 것은 사실과 다른 정확하지 않은 보도이고, 자신도 아직 보고받은 바가 없다고 답했습니다.

▶ 다음으로 황교안 국무총리께 질문드렸습니다. 최근 참여연대에 대한 압수수색이 있었는데, 선관위에서 공직선거법 위반 혐의로 고발한 것인데, 어떤 부분에 문제가 있어서 압수수색을 진행했습니까? 황교안 총리는 수사 중이라서 자세한 말은 드리기 어렵지만, 여론조사 방법 위반 혐의로 압수수색과 고발이 이루어진 것으로 안다고 답했습니다.

참여연대가 주도한 총선넷에서 선정한 20대 총선 낙선 대상자

35명 중 33명이 새누리당 후보 또는 보수성향 무소속 후보여서 그 순수성이 의심됩니다. 이번 총선에서의 낙선 운동은 불순한 목적을 가진 정치적 음모가 있다고 생각하는데, 총리의 견해는 어떻습니까? 황교안 총리는 개별사건에 대해서는 의견을 말씀드리기 어렵지만, 선관위에서는 여론조사 방법 등에 위법이 있다고 판단해서 고발했고, 그 고발에 기초해서 현재 수사기관에서 수사하는 것으로 알고 있다고 답했습니다.

선거철만 되면 이렇게 급조돼서 시민단체 이름으로 특정한 당 또는 특정한 사람을 집중적으로 낙선하기 위해서 유권자를 현혹하고 호도하는 부분은 민주주의의 이름으로 용납되어서는 안 된다고 생각합니다. 배후가 누구인지, 목적은 무엇인지 분명히 조사해야 할 것입니다, 총리께서는 어떻게 생각하십니까? 황교안 총리는 선거사범에 대한 단속이 과거보다는 무척 강해지다 보니 탈법 선거운동이 많이 생기고 있습니다. 수사기관에서 철저하게 조사할 것으로 기대한다고 답했습니다.

이번에도 참여연대, 경실련, 전대협, 민변 등의 진보단체들에서 여러 가지 이런 활동이 있었습니다. 또한, 이 단체들은 한 해 운영비만 해도 몇백억에서 많게는 몇억씩 사용하고 있고, 이 기부금 모금에 대해서, 또 사용처는 철저히 베일에 가려져 있습니다. 그래서 자발적 기부자들의 알 권리를 침해하고, 건전한 기부 활동의 위축마저 초래할 수 있으므로 이번에 이 부분도 철저히 밝혀져야 합니다. 황교안 총리는 의원님 말씀하신 그런 불법행위가 있는지는 수사 과정에서 필요하다면, 증거가 확보된다면 법대로 진행이 될 것이라고 답했습니다.

특히 아름다운 재단의 경우, 공익단체 지원 명목으로 다수의 반정부 시위 전력이 있는 단체에 계속된 지원이 나갔음에도 정부는 별다른 조치를 하지 않았습니다. 본 의원이 파악한 바로는 아름다운 재단의 경우에 지난 2013년부터 2016년까지 세월호 관련 단체와 제주도 강정마을 제주 해군기지 저지를 위한 단체 또한 광우병 대책 회의 관련 단체, 한미 FTA 저지 단체, 동성애 단체 등 각 단체에 적어도 500만 원에서 많게는 3억 원까지 지원했다고 하는데, 총리께서는 이 사실을 파악하고 계십니까? 황교안 총리는 구체적인 내용에 대해서는 파악하지 못하고 있다고 답했습니다.

▶ 다음으로 김현웅 법무부 장관께 질문드렸습니다. 최근 대우조선해양의 5조 원이 넘는 분식회계, 일개 임 차장이라고 하는 사람이 8년간 180억 회삿돈 횡령, 이런 사실을 보면서 어떤 생각을 했습니까? 김현웅 장관은 지금 수사가 진행 중이라서 소상한 말씀은 드리기 어렵습니다마는 아마 상당 기간 구조적인 문제점이 있지 않았나 하는 생각이 든다고 답했습니다.

이번 대우조선 문제를 보면서 우리 검찰의 사전정보 능력, 사전수사에 따른 인지능력, 이런 부분이 좀 부족하지 않나 저는 그렇게 생각합니다. 어떻게 생각하십니까? 김현웅 장관은 검찰에서 나름대로 범죄정보 수집을 열심히 하고 있는데, 그 부분에 대해서도 그동안 꾸준히 정보를 수집해서 수사에 착수한 것으로 알고 있다고 답했습니다.

참으로 있을 수 없는 경영진들이라고 생각합니다. 근본적으로 도덕적 해이와 경영진의 타락, 이런 것을 느끼면서 배신감에 치를 떨고 있습니다. 제가 알기로는 검찰에 대우조선의 여러 가지 비리 문제와 전 경영진의 경영부실 책임 여부를 수사해 달라 진정서가 전달되었다고 알고 있는데 보고받았습니까? 김현웅 장관은 그동안 상당 기간에 걸쳐서 진정서와 범죄정보 수집 등을 거쳐서 이번에 수사에 착수하게 된 것으로서 그동안 쌓여 왔던 각종 구조적인 비리가 이번 수사를 통해서 철저히 밝혀질 것이라고 답했습니다.

법무부 장관님, 홍만표 변호사 사건 말이지요, 또 진경준 전 검사장 주식 대박해서 100억 원대의 수입을 벌어들였다는 걸 보면서, 변호사들은 착수금 아니면 상담료나 성공보수 이런 부분 책정이 없습니까? 부르는 게 금액입니까? 구조적 문제가 있는 것 아닙니까? 김현웅 장관은 상한선이 있지는 않고, 이러한 문제점이 있으므로 상한선을 두자는 그런 의견도 많이 제기되고 있어서 제도적인 개선방안을 연구 검토하고 있다고 답했습니다.

우리가 양질의 법률서비스를 받을 충분한 시대가 되었다고 생각합니다. 이 기회에 변호사 수임료와 관련해서 법무부가 용역을 맡아서 국민이 동의할 수 있는 선에서 합리적인 제도개선을 마련해 주시기를 바랍니다. 김현웅 장관은 그 부분을 포함해서 법조비리를 근절하기 위한 TF를 만들어서 다방면에 걸쳐서 법조비리 근절책을 연구 검토하고 있다고 답했습니다.

▶ 다음으로 김종덕 문화체육관광부 장관께 질문드렸습니다. 저는 참으로 유감스럽게 생각합니다. 국보 285호 울산 반구대암각화가 국보인데 수십 년간 이 문제가 매듭을 짓지 못하고 역대 정권들이 이 문제를 풀지 못하고 있습니다. 그래서 지난번에는 정부가 반구대암각화 보존을 위해서 가변형 임시 물막이(카이네틱 댐) 설치를 최적의 방안으로 추진했는데, 앞으로 이 부분을 어떻게 할 것이고 정부의 계획은 무엇입니까? 김종덕 장관은 현재 문화재청하고 울산시가 반구대암각화 보존 대책 마련을 위해서

협의 중인 것으로 알고 있는데, 그 협의를 통해서 최선의 대책이 준비될 거라고 답했습니다.

저는 이른 시일 내에, 현재 차수벽 설치안 또 물길 변경안, 생태 제방 조성안 등 여러 안이 있습니다마는 우리 울산시민들은 이 기회에 식수문제도 해결하고, 반구대암각화의 근본적인 해결 방안은 생태 제방 조성안으로 모이고 있습니다. 그래서 이 부분에 대해서 이른 시일 내에 생태 제방 설치를 포함해서 여러 방안을 마련해서 정부의 공식적인 입장과 향후 추진계획을 구체적으로 밝힐 용의가 있습니까? 김종덕 장관은 관계기관 간에 충분한 논의를 거쳐서 합리적인 대안을 준비하겠다고 답했습니다.

7. 제334회 대정부 질문

제가 2015년 6월 23일 질의한 대정부 질문입니다. 한일 국교 정상화 50주년을 맞이하는 한일 관계의 전망, 청년실업으로 고통받는 젊은이들에 대한 맞춤형 교육 문제, 메르스 방제 대책, 눈앞에 다가온 원전해체 시대를 맞이한 원전해체 기술 개발과 제도 정비, 과도한 온실가스 규제에 대한 대책, 울산중소기업청 신설 건을 질의했습니다.

▶ 먼저 황교안 국무총리에게 질문드렸습니다. 어제 한일 국교 정상화 50주년을 맞아 박근혜 대통령과 아베 일본 총리가 각각 상대 정부가 주최한 한일 국교 정상화 50주년 기념행사에 참석해서 기념사를 했습니다. 총리께서는 이번 양국 정상의 참석을 계기로 새로운 한일관계에 대한 전망을 어떻게 하고 계십니까? 황교안 총리는 양국 정상께서 이번 행사에 교차 참석하신 것 자체가 위안부 문제나 또 전후 70주년 아베 담화 등의 현안을 해결하는 데 있어서 중요한 계기가 될 수 있고, 이것을 토대로 양국 관계가 바람직한 방향으로 진행되어 나갈 수 있도록 노력하도록 하겠다고 답했습니다.

▶ 다음으로 이기권 고용노동부 장관에게 질문드렸습니다. 이제는 청년 일자리를 개도국을 비롯한 해외에서 적극적으로 찾아야 한다고 생각합니다. 특히 현지에서 맞춤형으로 젊은 우리 인

재들을 양성하고 배출할 수 있어야 한다고 생각하는데, 이 부분에 대해서 고용노동부 장관의 견해를 밝혀주세요.

이기권 장관은 박근혜 정부는 우리 청년들의 해외 취업을 양에서 질로 바꾸고자 지속해서 노력하고 있습니다. 특히 국가별 특성에 맞는 인재를 양성하는 것이 무엇보다 필요하다고 봅니다. 그래서 그간 단기간 훈련했던 부분을 직무능력과 언어능력을 함께 갖출 수 있는 장기 교육훈련으로 바꾸어 가고 있습니다. 특히 동남아에 중견 간부로 취업할 수 있도록 베트남이나 인도네시아, 미얀마 등에는 현지 대학에 보내서 그곳에서 언어능력과 직무능력을 함께 연수하고 취업할 수 있도록 연계하고 있다고 답했습니다.

▶ 다음으로 황우여 부총리 겸 교육부 장관에게 질문드렸습니

다. 취업난을 해소하기 위해서는 국내 교육시스템도 많이 바뀌야 합니다. 대통령께서 경제혁신 3개년 계획을 발표하시면서 '고등학교만 졸업해도 취업할 수 있고, 취업 후에도 원하는 대학에 가서 공부할 수 있도록 대학 진학에서의 재직자 특별전형과 계약학과를 확대해 나가겠다'라고 했는데 얼마나 추진되고 있습니까? 황우여 장관은 초기에는 한 70%까지 달해서랬는데, 최근에는 한 30% 이하로 떨어져서 이 점에 관심을 두고 여러 방책을 세우고 있다고 답했습니다.

사실 정부의 의욕에 비교해서 실적이 저조합니다. IT 업종과 같은 하이테크 산업은 고등교육시스템이 잘 갖추어져 있지만, 소상공인의 로우테크 산업은 교육시스템이 매우 부족합니다. 이를 보완하고자 본 의원이 산업교육진흥 및 산학연협력촉진에 관한 법률 일부 개정안을 발표했는데, 이 법안에 대해서 정부의 견해는 어떻습니까? 황우여 장관은 기본적으로 성인들을 위한 대학 교육을 할 수 있도록 성인 단과대학을 대학교 내에 설립하는 것을 추진하고 있습니다. 이것이 완비되면 이채익 의원님 법안과 다 상승효과를 발휘해서 앞으로는 선취업 후 진학이 자리 잡을 수 있다고 답했습니다.

그래서 저는 청장년층 창업 활성화와 가업 승계 촉진을 위해서는 소상공인을 위한 직업훈련 과정이나 학과를 설치할 수 있어야 한다고 생각합니다. 그래서 향후 법안이 통과되면 5개 경제 광역권을 중심으로 해서 전국 5개 대학을 지정해서 소상공인 중심의 계약학과가 만들어졌으면 합니다. 앞으로 로우테크 산업에서 고부가가치 산업을 창출해 낼 수 있도록 해야 한다고 생각하는데 이에 대한 견해를 밝혀주시기 바랍니다. 황우여 장관은 일반 취업자라도 언제든지 교육을 받을 수 있도록, 대학 교육을 받을 수 있는 문을 열도록 최선을 다하겠다고 답했습니다.

▶ 다시 황교안 총리에게 질문드렸습니다. 최근 고리 1호기의 폐로가 결정되었는데, 2012년 수명이 종료된 월성 1호기를 비롯한 2030년이면 23기 원전 중에 11기가 설계수명을 종료합니다. 정부 후속대책은 어떻게 준비하고 계십니까? 황교안 총리는 원전 허가 기간이 만료되면 원전별 상황에 따라서 계속 운전할 것인지 폐로할 것인지 결정할 예정인데, 원전해체에 대해서는 기술개발과 또 이와 관련된 규제 체계 마련 등을 통해서 잘 대비해 나가겠다고 답했습니다.

정부가 제일 준비해야 할 부분이 원전해체에 대한 기술개발이라고 생각합니다. 원전해체기술연구센터는 적어도 2018년에는 완성되어야 하는데, 현재 예타 조사의 진행 상황은 어떻습니까? 황교안 총리는 한 1년 전부터 예타 조사가 진행되고 있는데, 될 수 있으면 신속히 하도록 하겠다고 답했습니다.

원전해체와 관련된 기술 축적 못지않게 관련법 제정과 정비도 필요한데, 관련법 정비를 통해 해체사업을 실제로 추진할 부처와 공기업과 민간기업의 참여 여부 등을 정리한 구체적인 로드맵이 먼저 만들어져야 할 것으로 보는데, 정부는 어떻게 생각하고 계십니까? 황교안 총리는 로드맵의 마련이 필요하다고 생각하고, 이것을 위해서 관계부처들이 협의하고 있는데 좀 더 긴밀하고 철저하게 대비하겠다고 답했습니다.

고리 1호기의 폐로에 따라 원전해체기술지원센터의 건립을 본격적으로 논의해야 할 시점에 와 있다고 생각하는데, 정부에서는 예비타당성 통과 이전에 부지를 선정한다고 발표했는데, 아직 그 방침에는 변함이 없습니까? 부지 선정 평가 방안도 용역을 통해 추진한다고 했는데 구체적인 정부의 일정은 어떻습니까? 황교안 총리는 시기를 단언하기는 어렵지만, 최선을 다해서 노력해서 조속히 조치가 되도록 하겠다고 답했습니다.

▶ 다음으로 문형표 보건복지부 장관께 질문드렸습니다. 장관께서는 현재 메르스 사태를 어떻게 보고 계십니까? 문형표 장관은]1차 웨이브 또 2차 웨이브가 더 커지게 된 것에 대해서는 정부가 여러 가지로 노력은 했습니다마는 초기 예측에 차질로 초기 대책이 철저하지 못했습니다. 현재는 이러한 것들을 최대한 수정 보완했습니다. 현재는 환자가 발생하면 철저하게 방역망을 짜고 있습니다. 추가 확산이 없도록 하겠다고 답했습니다.

최근 메르스 확산과 관련하여 정부의 대응은 선제적이지 못하고, 감염자 발생을 뒤쫓아 가는 등 총체적인 부실을 드러냈습니다. 어떻게 생각하십니까? 문형표 장관은 저희가 보유하고 있는 역학조사관이 32명입니다. 그중에 30명이 공중보건의로 임시로 하고 있고, 실제로 역학조사관으로 정식 훈련을 받은 정규직은 2명에 불과합니다. 그래서 이러한 비상사태가 됐을 때 즉각 동원해서 역학 망을 짜기에 절대적으로 부족합니다. 이러한 문제들이 더 근본적으로 해결될 필요가 있다고 답했습니다.

▶ 다시 황교안 총리께 질문드렸습니다. 최근 정부는 2030년 온실가스 배출 전망치를 8억 5,000만t으로 정하고 이에 따라 우리나라의 온실가스 감축 목표를 14.7%에서 31.3%까지 제시한 바 있습니다. 그런데 산업계에서는 이러한 정부의 전망치가 다소 과소산정된 것이라고 지적하고 있는데 총리의 견해는 어떻습니까? 황교안 총리는 이번에 도출한 온실가스 배출 전망은 전문기관 합동으로 해서 우리의 경제성장률 또 유가 등을 반영해서 과학적으로 산정한 결과라고 답했습니다.

지금까지 온실가스 배출 실적과 배출 전망을 비교하면 정부의 배출치 전망이 실제와 차이가 납니다. 실제로 산업계에서는 2030년 온실가스 배출량이 9억t 이상이 될 것으로 예상합니다. 지금 정부가 제출한 감축 목표 14.7%는 현실적으로 달성하기 어렵다는 지적에 대해서 어떻게 생각하십니까? 황교안 총리는 다양한 여건들을 종합적으로 고려해야 하는 그런 측면이 있고, 이런 것들을 종합해서 앞으로 정확한 수치를 설정할 계획이라고 답했습니다.

▶ 다음으로 정종섭 행정자치부 장관께 질문드렸습니다. 6대 광역시 중에 유일하게 울산만 중소기업청이 없어서 지역 산업 특성에 맞는 전문적 행정 서비스 제공에 어려움을 겪고 있습니다. 어떻게 생각하십니까? 정종섭 장관은 울산 같은 경우에 애로 사항을 잘 알고 있어서 중화학공업 중심으로 울산지역에 분포된 중소기업들이 제대로 역할을 할 수 있는 지원 체계를 검토하겠다고 답했습니다.

울산은 전국 인구의 2.3%에 불과하지만, 수출의 16%, 제조업 생산의 15%를 감당하는 대한민국 경제의 기관차와도 같습니다. 울산의 경제 맥박이 식으면 대한민국의 경제가 식는다고 생각합니다. 지금 자동차 조선 화학 등 3대 주력 업종이 여러 가지 어려움을 겪고 있습니다마는 정부가 이럴 때 적극적인 지원을 할 때 새로운 돌파구, 시너지효과가 난다, 그렇게 해서 정부의 정책적인 뒷받침이 꼭 필요한 시점이라고 생각하는데 꼭 이 부분을 적극적으로 추진해 주시기를 바랍니다. 정종섭 장관은 검토하겠다고 답했습니다.

8. 제331회 대정부 질문

제가 2015년 2월 26일 대정부 질문한 내용입니다.

▶ 이완구 국무총리께 첫 번째 질문으로 옥동 군부대 이전문제를 질의했습니다. 울산에는 53사단 127보병 부대인 옥동 군부대가 있는데, 도심 한복판에 50여 년 가까이 군부대가 있어서 지역발전은 물론 도시계획이 정해지지 않아서 집단 민원이 계속되고 있습니다. 현재 국방부에서도 부대 이전 계획에 따라서 군부대 부지의 소유권을 가지고 있는 산림청과 국방부 간의 대상 부지 소유권 교환 협의가 진행 중인 것으로 아는데, 현재 어떻게 진행 중이고 향후 추진 일정에 대해서 질의했습니다. 이완구 총리는 국방부와 산림청 간에 상호 대지 전환 가능성을 지금 검토하고 있고, 긴밀하게 협력해서 53사단이 적절하게 이전할 수 있도록 하겠다고 답했습니다.

▶ 다음 질문으로 반구대암각화를 질의했습니다. 반구대암각화가 1971년도에 발견되었습니다. 지금 40년 넘게 물속에 잠겨 있습니다. 대한민국 국보 제285호로 지정되었지만, 아직도 사연댐은, 이 반구대암각화가 침수와 노출을 반복하면서 훼손이 가속화되고 있습니다. 지금 2년 가까이 계속 검토만 하고 있습니다. 우리가 반구대암각화를 지켜내지 못한다면 역사에 죄를 짓는 것

입니다, 국가적인 재앙이 될 것입니다. 이완구 총리는 검토하겠다고 답했습니다.

다음 질문은 총리께서 지난 24일 국무회의에서 앞으로 총리실에서 장·차관과 청장 등 공공기관의 성과를 상시 점검하고, 연 2회 종합평가를 하겠다고 밝혔는데, 공공기관장 평가를 어떻게 추진할 건지 질의했습니다. 이완구 총리는 헌법과 법률이 정한 총리가 갖는 권한과 책임에서 국정 운영에 적절치 않은 중앙행정기관장이 있다면 과감하게 대통령께 해임 건의하겠다고 답했습니다.

국민이 신임 총리에게 공직기강을 확립하는 부분을 굉장히 기대합니다. 본 의원이 자원 국조에 참여하면서 공직자들의 떠넘기기식 발언이나, 정권이 지나면 모든 것을 정권에 돌리는 무사안일한 공직자를 보면서 책임과 권한을 분명히 해야겠다고 생각했습니다. 신임 총리께서는 공직기강 또 인사제청권, 해임건의권을 적극적으로 활용해 주기를 질의했고, 이완구 총리는 헌법과 법률이 정한 국무총리의 권한을 십분 활용해서 말씀하신 부분이 제대로 작동이 될 수 있도록 하겠다고 답했습니다.

▶ 다음은 최양희 미래부 장관에게 질의했습니다. 일본 후쿠시마 원전사고 이후 원전해체 준비를 서둘러야 한다는 지적이 있는데, 원전해체센터 건립과 관련된 예비타당성조사 절차는 지금 어떻게 진행되고 있습니까? 최양희 장관은 지금 연구센터에 대한 예비타당성조사가 진행 중이라고 답했습니다.

2017년이면 고리 1호기가 종료되고, 2023년이면 23기 원전 중 12기가 설계수명을 종료하는데, 원전해체연구센터는 적어도 2018년에는 완성되어야 하는데, 정부는 대비를 어떻게 하고 있습니까? 최양희 장관은 미래부에서는 원자력시설 해체에 관한 핵심기술 개발 기본계획을 2012년에 수립해서 거기에 맞추어서 차질 없이 진행하고 있다고 답했습니다.

2014년 8월의 한수원 연구용역 자료를 보면 고리 1호기를 정지하더라도 전력 수급에는 큰 지장이 없는 것으로 판단하는데, 현재의 원전해체센터 건립도 고리 1호기의 영구정지를 전제로 진행되는 것입니까? 최양희 장관은 기술개발을 조기에 완료하는 것이 필요하다는 타당성 검토하에서 모든 계획을 추진하고 있다고 답했습니다.

산업부의 입장은 원전의 안전성에 문제가 없는 한 계속 운전이 원칙이라고 하는데, 실제로 원전해체를 시행할 대상도 경험도 없이 기술개발과 연구가 가능하겠습니까? 예타검토 과정에서도 이 점이 문제가 되는 것 아니겠습니까? 최양희 장관은 이미 우리나라에서는 '연구로'라는 소규모 원자로 시설을 해체한 경험이 있고, 연구센터를 설립하면 여기에서 기술개발도 하고 여러 가지 해체기술을 자립하게 될 거기 때문에 앞으로 모든 계획에 큰 영향을 미치지 않을 것으로 알고, 예타에서도 그런 점이 충분히 고려되도록 노력하겠다고 답했습니다.

미래부에서는 예타 통과 이전에 부지를 선정한다는 방침에는 변함이 없습니까? 그리고 부지 선정 평가 방안도 용역을 통해 추진한다고 했는데, 구체적인 방향과 일정은 어떻게 됩니까? 최양희 장관은 예비타당성이 통과될 그 시점 이전에 부지 위치를 선정하는 것을 추진할 계획이고, 이러한 부지를 어떻게 선정할 것인가 하는 평가 방안에 관한 연구는 예타의 진행 상황을 보아서 적절한 시점에 시작하겠다고 답했습니다.

마지막으로 본 의원의 질문은 지역이기주의 차원의 발언이 아닙니다. 고리원전과 월성 원전 중간에 놓여있는 울산지역은 원전시설의 최대 피해지역입니다. 더불어 울산은 기계, 엔지니어링, 로봇 등 원전해체 관련 산업 인프라가 전국 최고 수준이고 UNIST, 원자력 대학원대학교, 울산테크노파크 등 인적 네트워크도 충분히 구축되어 있습니다. 입지 선정에 이러한 부분들이 충분히 반영될 수 있도록 각별한 관심을 두시기를 바랍니다. 최양희 장관은 그렇게 하겠다고 답했습니다.

▶ 다음으로 최경환 부총리에게 질의했습니다. 최근 각종 공공요금이 인상되면서 가계의 실소득은 줄어들고 소비 여력은 감소하고 있습니다. 특히 최근 유가 하락으로 물가는 내려가는데, 공공요금을 인상하는 이유는 도대체 무엇입니까? 최경환 부총리는 공공요금은 유가와 관련해서 즉각적으로 반영이 되도록 지도 감독하겠다고 답했습니다.

9. 제323회 대정부 질문

제가 2014년 4월 3일 대정부 질문에서 정홍원 총리에게 질의한 내용입니다.

▶ 박근혜 대통령 대선공약 중 입법 과제로 376건을 선정해서 그중에서 법률안 304건을 제출해서 현재 53.6% 처리되었습니다. 역대 어느 정권도 공약가계부까지 만들어서 공약을 철저하게 지킨 정권은 없었습니다. 집권 1년 차에 야당의 발목 잡기에도 불구하고 국정과제 절반 이상을 달성했습니다. 1년 차에 국정과제를 절반 이상 달성했는데도 불구하고 극히 몇 가지 사항을 침소봉대해서 국민을 호도하는 것에 대해 어떻게 생각하는지 질의했습니다. 정홍원 총리는 충분히 이해를 못 해주시는 데 대해서 굉장히 안타깝게 생각한다고 답했습니다.

▶ 그리고 정당공천은 폐지해야 한다고 강조했습니다. 저는 1991년도 기초의회부터 광역의원, 두 번의 민선 단체장을 거치면서 누구보다도 풀뿌리민주주의의 산증인입니다. 저는 중앙정치가 지방자치에 과도하게 간섭하거나 자치 역량을 침해하는 부분은 바람직하지 않다고 생각합니다. 해서 제가 국회에 와서는, 정당공천은 폐지되는 것이 맞는다는 생각으로 국회에 들어왔습니다. 작년 4월 11일부터 9월 30일까지 정치쇄신특위가 문을

열었습니다. 저는 이 일을 하기 위해서 자원해서 정개특위의 위원으로 활동했습니다. 저는 그 자리에서 분명 정당공천의 폐해를 적시하면서 우리 정치권이 폐지할 수 없는지 논의했습니다마는… 제가 좀 적나라하게 말씀을 드리고 싶습니다만 자제하는 것은, 그 당시 민주당인 야당 또 진보당이 여당보다 정당공천 유지 쪽에 더 많은 힘을 실었던 것이 사실입니다. 그래서 그런 와중에 2013년 7월 25일 민주당은 당원투표를 했습니다. 정당공천 유지냐 폐지냐 당원투표를 해서 67.7%로 '폐지해야 한다.' 이렇게 당론을 모았습니다. 저는 단언컨대 오늘의 민주당의 이 모습은

선 당론 결정, 후 당원투표를 해야 함에도 선 당원투표, 후 당론 결정이라고 하는 정책적 오류가 오늘의 이러한 문제를 낳았다고 판단합니다.

저도 많은 야당 의원들과 얘기를 했습니다. 지금 국민에게 '국회의원 정수를 줄이는 것 좋습니까?' 당원들한테 한번 물어보십시오. 분명 정수를 줄이는 것 좋다고 할 것입니다. 그렇다고 해서 우리 국회가 포퓰리즘에 따라가야 합니까? 저는 묻습니다. 안철수 대표께서도 처음에는 "공천권은 국민에게 돌려드려야 된다." 이렇게 말씀하시다가 나중에는 "정당공천을 폐지하면 부작용이 만만치 않다" 단계적 폐지에 힘을 실었습니다. 박지원 전 대표께서는 지난 4월 1일 오전 'SBS 한수진의 전망대'에 나오셔서 "기초단체 무공천에 대해서 재검토해야 한다. 많은 의원이 지금 상당히 끓고 있다. 기초단체는 풀뿌리민주주의의 시작이기 때문에 반드시 해야 한다." 이렇게 얘기를 했습니다. 정동영 전 민주당 대통령 후보도 같은 얘기를 하고 있습니다. 그 이외의 여러 의원도 실명을 통해서 공천제 유지를 주장하고 있습니다. 그런데도 야당은 지금 정당공천 폐지가 선인 양, 선악의 개념으로 몰고 가는 부분은 참으로 안타깝습니다, 이것은 국민을 속이는 일입니다.

정당공천을 폐지 공약한 부분에 대해서는 우리 당도 책임을 통감합니다. 그래서 최경환 대표께서 정중히 국민께 사과했습니다. 바로 이 부분은 입법사항이고 저도 폐지에 의견을 함께한 사람이지만, 당시 공청회에서 많은 헌법학자가 '대한민국은 민주주의이고 민주주의는 정당정치인데 어떻게 공천을 안 한다는 말인가. 기초는 안 하고 광역은 한다고 했을 때 평등의 원칙에도 위배한다. 정당공천을 안 하면 표현의 자유를 제한하는 것이다. 이것은 헌법재판소에 가면 명약관화하게 위헌으로 결정될 수밖에 없다.' 이런 결론을 갖고 집권 여당으로서 국민께 안타까운 심정으로 용서를 구했던 것입니다.

존경하는 국민 여러분! 이제 정치는 바로 서야 합니다. 정치는 거짓으로 국민을 오도할 수는 없다고 생각합니다. 존경하는 안철수 대표의 말씀 목록을 제가 좀 낭독하고자 합니다. "야권 단일화, 정치공학적 접근 절대 하지 않겠다. 민주당은 기득권을 유지하는 세력이다. 우리는 100년 가는 정당을 만든다. 정치 구조를 생산적 경쟁 구조로 바꾸는 게 목표고 절대 선거용 정당을 만들지 않겠다." 이렇게 얘기했습니다. 불과 한 달 전에 이렇게 말씀하신 분이 현재 민주당과 통합하면서 그때 '지역주의 정당이다, 패배 정당이다'라고 한 그 당과 어느 날 어떤 국민하고 동의받지 않고, 합당을 선언하면서 국민에게 양해와 이해를 구했습니까? 과연 이게 새로운 정치입니까? 이것은 아니라고 생각합니다.

▶ 다시 정홍원 총리께 질의했습니다. 이번 파주·백령도 무인항공기가 북한 정찰기인지, 최전방 백령도와 최전선 파주와 청와대 상공까지 무인항공기가 접근했는데, 저고도 레이더망과 작은 물체도 포착할 수 있는 신형 무기의 구매 문제를 착수해 달라고 했고, 이번에 서울시 공무원 간첩 사건이 발생했는데, 검찰의 한 점 의혹 없이 법과 원칙에 따라 단호하게 조사하라고 했고, 마

지막으로 국정원의 임무가 막중한데, 종북 좌파 세력들에 의해서 부풀려지고 왜곡되는 불미스러운 일이 없어야 합니다. 국가정보원 요원의 사기가 절대 땅에 떨어지지 않도록 조치해 달라고 했고, 정홍원 총리는 한 치의 허점이 없도록 조치하겠다고 답했습니다.

10. 제316회 대정부 질문

저는 2013년 6월 10일 대정부 질문 시간에 반구대암각화와 국정원 댓글에 대해서 집중으로 질의했습니다.

▶ 먼저 정홍원 총리께 질의했습니다. 제가 작년 대정부 질문 시간에 김황식 총리에게 암각화 보존 문제와 식수문제에 대한 대정부질문을 했습니다. 정부는 울산시의 수리모형 실험결과가 나오면 정부의 종합대책을 내놓겠다고 했는데, 1년이 지나도 대책이 없습니다. 1971년 반구대암각화 발견 이후 43년이 지난 이 시점까지 보존 대책 없이 물속에서 신음하는 현실을 통탄하면서 이번에는 꼭 정부가 결단을 내려 주시기를 간절히 부탁했습니다. 정홍원 총리의 답변은 정부로서는 반구대 유물을 살려야 한다는 점과 울산시민의 식수문제를 해결해야 하는 두 가지 문제가 있고, 이 문제만은 우선 해결하고 싶은 의욕으로 노력하고 있다고 했습니다.

▶ 다음으로 황교안 법무부 장관에게 질의했습니다. 2월 20일 국가정보원은 국정원 여직원 댓글 사건과 관련하여 전 국정원 간부직원 김상욱 씨와 현직 정기정 씨를 검찰에 고발한 내용과 전 국정원 간부직원 김상욱 씨가 개인의 정치적 이익을 위해 국가정보기관의 조직과 인원 등을 누설하였고, 정상적인 대북업무 내용

을 야당 후보에 대한 네거티브 흑색선전으로 왜곡해 대선에 영향을 미치려 했다는 것과 국정원 여직원을 여러 차례 미행하고, 개인 거주지를 불법 선거운동 아지트라고 신고하여 민주당 당직자들을 동원하여 불법감금 하는 등 전 국정원 간부직원 김상욱 씨의 정치적 목적에 따라 철저히 기획되고 의도된 폭로 사건이라는 점을 집중으로 질의했습니다. 그리고 2012년 12월 국정원 여직원을 상대로 고의로 접촉사고를 내고, 오피스텔을 급습하여 3일간 감금한 민주당 당직자에 대해 수사는 왜 안 하는지, 오히려 야당을 편드는 게 아닌지, 이 사건이 낱낱이 공개하여 수서경찰서 권은희 수사과장, 국정원의 김상욱 이런 사람이 성공하는 공직사회가 절대 되어서는 안 되고, 검찰의 엄정한 법 집행을 요구했습니다. 황교안 법무부 장관은 지금 수사 중이라서 지켜봐 달라고 답했습니다.

11. 제309회 대정부 질문

제가 처음 19대 국회의원이 되고 2012년 7월 18일 대정부 질문 시간에 한 첫 멘트입니다.

존경하는 국민 여러분! 존경하는 강창희 국회의장님, 그리고 선배 의원님, 동료 의원님! 존경하는 김황식 국무총리님을 비롯한 국무위원 여러분! 울산 남구 출신 이채익 의원입니다. 제19대 국회 첫 대정부질문을 하게 된 것을 큰 영광으로 생각하며 실의의 나락에 빠진 국민에게 희망을 줄 수 있는 의정 단상이 되기를 간절히 소망합니다.

존경하는 선배·동료 의원님 여러분! 이제 우리 국회도 달라져야 한다고 생각합니다. 1948년 제헌의회 이후 우리 국회는 다른 나라에서는 찾아볼 수 없는 개원 협상과 전제조건이라는 특이한 국회 문화를 갖고 있습니다. 국민의 부름과 선택에 따라 의사당에 처음 모인 국회의원들이 국회를 여는 데 무슨 협상과 전제조건이 필요하다는 말입니까?

19대 국회가 법정 개원을 못 하고 34일 만에 가까스로 문을 열게 된 데 대하여 참으로 국민 여러분께 깊은 용서를 구하면서 다시는 이러한 구태정치의 악습이 되풀이되지 않도록 제반 입법적 조치를 반드시 마련해야 할 것으로 생각합니다. 말로만 국민을 위하는 정치가 아니라, 현실 정치가 진정으로 국민의 가슴속에 들어가서 국민을 감동하게 하는 새로운 정치의 모습을 19대 국회에서는 꼭 만들어야 하겠다고 확신합니다.

▶ 먼저 김황식 국무총리에게 오전에 정우택 의원님의 질문에 대한 답변 중에서 미진한 부분을 질문했습니다. 총리는 오전에 한일 정보보호협정이 즉석 안건으로 올라온 것을 당일 국무회의에서 처음 알았다고 답변했는데, 이 말은 총리가 즉석 안건으로 올린 것을 처음 알았다는 말이신지, 정보보호협정 내용을 처음 알았다는 말인지 답변을 요구했습니다. 김황식 총리는 정보보호협정 체결이 즉석 안건으로 알았다고 했고, 저는 즉석 안건으로 처리해야 할 일이 아니라 정식 차관회의를 거쳐서 안건이 상정돼야 한다고 했습니다.

그리고 최근 북한의 핵 개발과 탄도미사일 발사 등 북한의 도발이 남아 있는 상태에서는 주변국과의 상호 정보 교류는 피할 수 없는 대세입니다. 그렇지만 한일 간의 특수한 사정을 고려할 때 국민적 합의 없이 밀실에서나 국회의 동의 없이 이러한 일이 처리된 데 대해서는 매우 유감스럽게 생각하고, 다시는 이런 일이 재발하지 않도록 특별히 유념해 주기를 당부했습니다.

▶ 이어서 맹형규 행정안전부 장관에게 지방행정 체제 개편안의 주요 내용을 질의하면서 졸속으로 추진하지 말고 신중히 처리해야 한다고 했습니다. 그리고 기초의회 폐지에 대해서 질의하면

서 우리나라가 기초의회를 20년 동안 운영하면서 역기능도 있었지만, 순기능도 많았기에 순기능은 발전시키고 역기능은 최소화하는 노력이 있어야 하는데, 이러한 노력이 생략된 가운데 기초의회의 폐지 논의가 거론되는 것은 바람직하지 않기에 정부가 깊은 성찰을 가져달라고 했습니다.

지방자치 20년을 평가하면서 20년 동안 풀뿌리민주주의를 위해서 열심히 일했던 일꾼들의 노력과 역할을 인정해야 합니다. 그런데 지금 행개위에서 추진하는 걸 볼 때마다, 저도 20년 동안 풀뿌리 지방자치를 위해서 일했는데, 사기를 떨어뜨리고 힘 빠지게 합니다. 일부 학자들은 오늘의 지방행정 체제 개편이 중앙 고위공무원들의 자기 잇속 챙기기 아닌가, 또한 지방행정에 대한 몰이해에서 비롯된 것 아닌가 하는 지적도 있습니다. 맹형규 장관은 중앙공무원들이 잇속 챙길 일은 없다고 생각하고, 다만 일부 기초단체라든지 지방자치단체에 대해서 국민 여론이 안 좋은 행태들이 있고, 앞으로 추진하는 과정에서 국회의 의견을 들으면서 추진하겠다고 답했습니다.

▶ 다시 김황식 국무총리께 질의했습니다. 먼저 야권연대에 대해서 질문했습니다. 무수히 많은 야당 중에서도 유일하게 민주통합당과 통합진보당 두 정당의 연대만으로 야권 단일후보라는 말을 사용하는 것은 바람직하지 못하다. 정강 정책이 다른, 종착점이 다른 두 정당이 5개월 앞으로 남아 있는 대선에 당선되기 위해서, 국민적 야합 수준인 야권 단일후보의 논의나 접근은 헌법

정신에도 위배합니다, 단지 흥행 위주의 야권 단일 문제 또 단일화, 야권 단일후보, 이 명칭을 쓰는 부분은 잘못되었다고 생각하는데, 이 규제법률안을 여야 정치권에 맡기지 말고 정부가 단일한 안으로 제출하실 용의는 없냐고 물었습니다. 김황식 총리는 국회에서 만들라고 답했습니다. 그래서 저는 국회에 넘기면 정쟁으로밖에 되지 않는다. 그래서 저는 두 당이 야권 단일후보가 된다면 합당하는 것이 맞다, 합당해서 단일후보라고 해야지 합당도 안 하고, 오직 당선만을 위해서 흥행 위주의 국민을 기만하는 야권 단일후보라고 하는 부분은 국민을 혼란스럽게 하는 일이기에 깊이 있는 정부의 진실한 반성과 또 법안 제출에 대한 부분을 계속 촉구하겠다고 했습니다.

그리고 울산의 국보 반구대암각화 문제를 질의했습니다. 국보 285호 울산 반구대암각화는 지난 48년 동안 뚜렷한 보존 대책 없이 방치되고 있습니다. 2011년 10월 20일 이명박 대통령께서 울산을 방문해서 울산광역시의 단일안인 물길 변경안이 바람직하므로 적극적으로 추진하라고 지시했는데도 대통령의 지시사항이 이행되지 않는 이유는 무엇인지 따졌습니다. 이 시간에도 국보인 반구대암각화는 차디찬 물속에서 신음하고 있으며, 부식이 가속화되고 있음을 생각할 때 참으로 마음이 아픕니다. 정부 차원의 특별 대책을 마련해 주실 것을 촉구했습니다. 김황식 총리는 문화재청과 울산시가 함께 협의하겠다고 했습니다.

▶ 마지막 멘트로 맹자께서는 '우이천하(憂以天下)'라 했습니

다. '백성과 더불어 기뻐하고 백성과 더불어 걱정하는 것이 비로소 임금의 역할을 제대로 하는 것이다'라는 말입니다. 19대 국회와 대한민국 정부의 성공은 물론 모두가 국민의 관점에서 국민과 함께 걱정하며 국민의 마음을 살피는 일에서 시작된다고 생각합니다. 국민의 마음을 제대로 읽고 새로운 비전을 제시하며 국민적 역량을 하나로 모을 때 더 나은 미래로 만들어 나갈 수 있다는 것을 본 의원은 확신합니다.

저는 초선의원으로 처음 국회에 왔습니다만 오늘 오전 국회를 보면서 참으로 비통한 심정을 금할 길이 없습니다. 한쪽은 검찰 수사를 왜 이렇게 안 하느냐고 하고 또 한쪽은 검찰 수사가 들어가려고 하니까 검찰 수사를 원천적으로 봉쇄하고 방해하고 있습니다. 도대체 우리 국민이 오늘의 우리 국회를 어떻게 보겠습니까? 이제 정치가 달라져야 합니다. 저는 우리 정치인들이 착각하는 것이 국민이 우리 정치인보다 못하다고 하는 생각을 하므로 이런 일이 벌어진다고 생각합니다. 오늘 이 시간에도 국민은 오늘의 우리 국회를 바라보고 있습니다. 국민을 두려워하는 마음으로 우리가 의정 단상에 서야 할 것이고, 정말 국민을 바라보는 정치를 해야 한다고 생각합니다. 오늘 본 의원의 대정부질문이 올바른 국가정책을 제시하는 좋은 계기가 되기를 바랍니다. 경청해 주셔서 감사드립니다. 고맙습니다.

3부

국회 본회의
5분 자유발언

“

2000년 초반부터 추진해 온 이 사업이 이제 막바지에 달해 있는 국가적인 사업인 만큼 더는 표류 되어서는 안 된다고 생각합니다. 부디 19대 국회가 끝나기 전에 꼭 통과시켜 주시기를 간곡히 호소합니다. 감사합니다.

1. 제371회 국회 본회의 5분 자유발언

제가 2019년 10월 31일 국회 본회의에서 한 자유발언입니다.

자유한국당 탈원전 대책특위 위원장을 맡은 울산 남구갑 출신 이채익 의원입니다. 문재인 정부의 재앙적 탈원전으로 인한 전기요금 인상이 눈앞으로 다가왔습니다. 한국전력 김종갑 사장은 지난 29일 언론 인터뷰를 통해서 연간 1조 원에 달하는 각종 전기요금 한시 특례할인제도를 폐지하겠다고 밝혔습니다. 당장 내년부터 주택용 절전할인, 전기자동차 충전, 전통시장 할인 등 각종 전기료 혜택이 사라지게 됩니다. 특히 전기자동차 충전 전기요금은 현재 1kWh당 100원대인데 당장 내년에 두 배 이상 오를 수도 있는 것입니다. 한전이 탈원전으로 인해 적자에 허덕이다 결국 국민에게 책임을 전가하는 방안을 내놓은 것입니다. 아직 한전 사장이 정부에 탈원전을 포기하라고 직언하지 않는 것이 참으로 안타까울 따름입니다.

그런데 더욱 어이없는 일은 김종갑 한전 사장이 전기요금 할인을 없애겠다고 하자 성윤모 산업통상자원부 장관은 요금할인 폐지가 적절치 않다고 말했습니다. 정부 간 협의도 거치지 않은 채 민생과 밀접한 전기요금 문제가 논란이 되는 사실이 참으로 안타깝습니다. 문재인 정부의 탈원전 때문에 대한민국 국민만 지금 골병에 들고 있습니다. 이 문제를 일거에 해결하는 방법은 지독

스럽게 고집을 부리는 탈원전을 이제 폐기하는 것입니다. 월성 1호기부터 재가동합시다. 혈세 7,000억을 들여서 안전기준에 맞게 새것으로 고쳐 놓은 원전입니다. 한수원이 갑자기 조기 폐쇄 결정을 하기 전까지는 100% 출력으로 가동되던 튼실한 원전이었습니다. 안전한 원전에서 만들어지는 값싼 전기를 통해서 한전의 적자도 국민의 전기료 부담도 일거에 해결할 수 있습니다.

또한, 신한울 3·4호기 건설 재개가 시급합니다. 정재훈 한수원 사장은 지난 국감에서 정부와 국회가 새로운 결정을 내리면 건설을 재개하겠다고 이미 밝혔습니다. 문재인 정부는 제발 탈원전 정책을 포기하기를 간절히 다시 한번 촉구합니다. 정부의 탈원전이 만든 한전 적자를 국민에게 떠넘기는 파렴치한 행위를 즉각 중단해야 합니다. 잘못된 정책을 수정하는 것은 잘못이지만 용기는 평가할 수 있습니다. 정부는 원전을 이념으로 보지 말고 제발 경제로 봐주시기를 바랍니다. 경청해 주셔서 감사합니다.

2. 제367회 국회 본회의 5분 자유발언

제가 2019년 3월 28일 국회 본회의에서 한 자유발언입니다.

존경하는 문희상 국회의장님! 그리고 선배·동료 의원 여러분!

자유한국당 울산광역시 남구갑 출신 이채익 국회의원입니다. 존경하는 국민 여러분! 경제가 어려운데 미세먼지 때문에 얼마나 고통이 많으십니까? 날씨가 풀리면 기분 좋게 바깥 활동을 나서야 하는 것이 정상인데 어찌 된 일인지 지금 대한민국에서는 날이 따뜻해지면 미세먼지 걱정에 밖으로 나서기가 더욱더 어렵습니다. 미세먼지는 국민의 건강과 안전을 위협하는 재난입니다. 재난은 정부와 국가기관이 총력을 다해 대응해야 합니다. 그러나 문재인 정부는 미세먼지 재난에 속수무책입니다. 바람이 부나, 비가 언제 오나 하늘만 쳐다보고 있습니다. 심지어 미세먼지 대책과 정반대되는, 다시 말해 미세먼지를 늘리는 정책을 문재인 정부는 고집스럽게 밀어붙이고 있습니다.

가장 대표적인 예가 바로 탈원전 정책입니다. 국민 여러분께서 43만 6,908명이나 탈원전 반대 및 신한울 3, 4호기 건설 재개 청원을 하는 데도 청와대는 묵묵부답입니다. 미세먼지를 발생시키지 않는 원전 가동률이 문재인 정부 들어 2016년 80%에서 2018년도에는 60%대까지 급격히 떨어졌습니다. 그 자리를 국내 미세먼지 발생의 주범인 석탄화력발전과 LNG 발전이 메웠습니다. 전체 발전량에서 원전의 비중은 2016년 31%에서 2018년 23%로 낮아졌고, 석탄은 39%에서 41%로, LNG 발전은 22%에서 27%로 증가했습니다. 또한, 한국전력의 전력통계속보에 따르면 2016년도에서 2018년도까지 에너지원별 발전량은 원자력이 18.9% 감소했고, 같은 기간 석탄은 14%, LNG는 26.8% 증가했습니다. 2017년 기준으로 가장 많은 미세먼지를 배출한 삼천포발전소는 1MW h 당 498g의 초미세먼지를 배출했습니다. 산업통상자원부와 환경부의 자료입니다. 언론 보도에도 그렇게 보도하고 있습니다.

본 의원은 이처럼 구체적인 수치와 데이터를 갖고 지난 22일 국회 대정부질문에서 이낙연 국무총리에게 '미세먼지 정책에 반하는 탈원전 정책을 중단해야 하지 않겠느냐?'고 질의했습니다. 그런데 이낙연 국무총리는 본 의원의 질문에 답변하면서 '탈원전이 미세먼지의 원인이라는 것은 과학적이지 않다'라고 답변했습니다. 어떠한 근거도 들지 않고 본 의원의 질문을 잘랐습니다. 하지만 탈원전이 미세먼지 증가의 원인이라는 과학적 증거는 차고도 더 넘치는 것입니다. 지난 1월 10일 세계적인 과학학술지 사이언스는 '원자력 에너지에 대한 새로운 시각'이라는 제목의 사설에서 전 세계 원전의 수명을 연장하는 것이 탄소 배출량의 증가를 막는 가장 비용이 적게 드는 방법이라고 밝혔습니다. 그러면서 사이언스는 원자력은 미국과 유럽에서 가장 중요한 저탄소 에너지원이며 그런데도 한국과 일본 등 일부 국가에서는 기존의 원전이 퇴출당할 위기여서 강력한 국제적 대응이 필요하다고 촉구했습니다.

굴뚝에서 나오는 연기, 즉 탄소량이 증가하면 그만큼 미세먼지의 양도 증가합니다. 당연히 탄소 배출량이 거의 제로에 가까운 원전은 미세먼지 역시 만들어 내지 않습니다. 지난해 유엔 산하 IPCC 제48차 회의에서… 채택한 지구온난화 1.5℃ 특별보고서에는 저탄소 에너지원인 원전을 어떤 경우든 59%p에서 106%p로 늘려야 한다는 내용이 담겨있습니다. 이런데도 문재인 정부와 국무총리는 국민 요구와 국제적 요구를 철저히 무시하고 있습니다. 총리는 탈원전 정책의 실패를 과감히 인정하고 진정 국민과 국익을 생각하는 자세로 국정에 임해야 할 것이고 문재인 대통령도 잘못된 정책을 이제 적극적으로 수정해 주실 것을 강력히 촉구합니다. 대단히 감사합니다.

3. 제369회 국회 본회의 5분 자유발언

제가 2018년 8월 30일 국회 본회의에서 한 자유발언입니다.

존경하는 문희상 의장님, 선배·동료 의원 여러분!

행정안전위원회의 울산 남구갑 이채익 위원입니다. 우리 행정안전위원회에서 심사·제안한 재난 및 안전관리 기본법 일부개정법률안(대안) 등 7건의 법률안에 대하여 제안설명 및 심사 보고 드리겠습니다. 먼저 윤재옥 의원, 김한정 의원, 이명수 의원, 정병국 의원, 김두관 의원, 윤영석 의원, 손금주 의원, 강효상 의원, 권칠승 의원, 하태경 의원, 전재수 의원이 각각 대표 발의한 재난 및 안전관리 기본법 일부개정법률안에 대해 심사한 결과 이를 통합 조정한 대안을 제안하기로 하였습니다. 대안의 주요 내용을 말씀드리면, 이 법에 따른 자연재난에 폭염을 추가하여 자연재난으로서 관리되도록 하고 2018년 7월 1일 이후 폭염 등으로 발생한 피해에 대해서도 보상할 수 있도록 소급 적용하도록 하며, 한파 역시 자연재난에 해당함을 명시적으로 규정하여 자연재난으로서 관리될 수 있도록 하였습니다. 한편 폭염을 재난으로 관리하고자 하는 김영우 의원이 대표 발의한 자연재해대책법 일부개정법률안과 윤영일 의원이 대표 발의한 재난 및 안전관리 기본법 일부개정법률안의 취지도 대안에 반영되었습니다.

다음으로 원유철 의원이 대표 발의한 경찰공무원 보건안전 및 복지 기본법 일부개정법률안은 경찰공무원을 대상으로 실시되는 의료지원에 심리치료도 포함됨을 명시하려는 것으로서 타당한 입법 조치로 보아 원안 의결하였습니다. 다음으로 박홍근 의원이 대표 발의한 경찰공제회법 일부개정법률안은 경찰공제회 또는 이와 유사한 명칭을 사용한 자에 대하여 500만 원 이하의 과태료를 부과하려는 것으로서 동일·유사 명칭 사용에 따른 피해를 예방하는 측면에서 타당한 입법 조치로 보았습니다만 벌칙이 신설되었다는 정보를 국민이 주지할 기간이 필요하다는 점을 고려하여 공포 후 6개월 이후에 시행되도록 수정 의결하였습니다.

다음으로 양승조 의원이 대표 발의한 사행행위 등 규제 및 처벌 특례법 일부개정법률안은 정신질환자 정의 인용 법률인 정신보건법이 정신건강 증진 및 정신질환자 복지서비스 지원에 관한 법률로 개정된 사정을 반영하려는 것으로서 타당한 입법 조치로 보아 원안 의결하였습니다.

다음으로 조응천 의원이 대표 발의한 청원경찰법 일부개정법률안은 청원경찰의 근로 3권을 전부 제한한 현행 청원경찰법에 대해 헌법불합치 결정을 내린 헌법재판소의 취지를 참작하여 청원경찰의 단결권과 단체교섭권을 인정하려는 것으로서 타당한 입법 조치로 보아 원안 의결하였습니다.

다음으로 이명수 의원, 윤재옥 의원, 표창원 의원이 각각 대표 발의한 총포·도검·화약류 등의 안전관리에 관한 법률 일부개정법률안에 대하여 심사한 결과 이를 통합 조정한 대안을 제안하기로 하였습니다. 대안의 주요 내용을 말씀드리면, 첫째 자동차 에어백용 가스발생기와 같은 규격의 인체보호용 가스발생기의 경우 제조 허가를 제외하고는 이 법의 적용을 받지 않도록 하여 과도한 규제를 개선하였습니다. 둘째, 총포·화약류 제조 방법을 인터넷에 게시·유포하는 행위에 대한 형량을 상향 조정하고 무허가 제조·판매 등에 대한 처벌 수준을 강화하였습니다. 셋째, 총포 소지자가 총포를 임의로 폐기하는 것을 금지하고 총포 도난·분실에 대한 허위신고·미신고 처벌 수준을 강화하며 총포의 제조·판매업자 등에게 제조·판매 명세를 보고하도록 하는 등 관리 감독을 강화하였습니다.

다음으로 박홍근 의원이 대표 발의한 소방시설공사업법 일부개정법률안을 심사한 결과 등록하지 않고 소방시설업 영업을 한 자에 대한 벌금형 법정형의 상한액을 1,500만 원에서 3,000만 원으로 상향하여 법정형의 편차를 조정하는 내용으로서 타당하다고 보았으나 부칙에 규정한 벌칙에 대한 경과조치는 입법 실익이 없어 이를 삭제하여 수정 의결하였습니다. 더욱 자세한 내용은 단말기의 회의 자료를 참고해 주시기 바라며, 아무쪼록 우리 위원회에서 제안설명 및 심사 보고드린 대로 의결해 주시기 바랍니다. 감사합니다. (이상 7건 대안 및 심사보고서는 부록으로 보존함)

4. 제354회 국회 본회의 5분 자유발언

제가 2017년 12월 8일 국회 본회의에서 한 5분 자유발언입니다.

안녕하십니까? 울산 남구갑 출신 이채익 국회의원입니다.

저는 오늘 두 가지 문제에 대해서 소견을 밝히고자 이 자리에 섰습니다. 첫째는 국회의장의 의사 진행 및 사회권과 관련된 사항이고, 두 번째는 2018년도 예산안 심의와 관련하여 국회 예산결산특별위원회의 무용론에 대해서 말씀드리고자 합니다. 본 의원은 개인적으로 19대 국회의원 재직 중에 현 정세균 국회의장님을 비롯한 몇몇 의원들과 일본에 조선통신사 모임에 참석하기 위해 함께 간 적이 있습니다. 그 당시 제가 받았던 정세균 의장님의 인상은 참으로도 좋은 모습을 보았습니다.

그런데 정세균 국회의장님은 국회의장에 당선된 이후에는 너무나도 다른 모습을 보고 있습니다. 국회의장은 우리가 뽑아 준 의장이고, 그 국회의장의 권위는 우리 의원들의 존경을 한 몸에 받았을 때 더욱 빛날 것입니다. 지난 12월 5일 화요일 저녁은 정세균 의장이 처음 취임사를 통해 밝혀 왔던 통합의 정치와는 너무나 다른 모습이었습니다. 갈등과 분열의 상처를 치유하여 하나 된 대한민국을 만드는 데 국회가 앞장서야 한다고 취임사에서 밝혔습니다. 그런데 국회 의석수 116명을 가지고 있는 제1 야당이 의원총회 중에 있는데 본회의를 열어서 법인세법과 소득세법 두 건을 통과시켰습니다.

저는 1980년대 민주화운동을 한 사람입니다. 그날 밤 이후 잠을 잘 수가 없었습니다. 제가 많은 선배에게 이런 적이 있느냐고 물어봤습니다. 한 번도 없었다고. 분명히 의장님께서는 야당 대표에게 연락은 했을 겁니다. 그렇지만 연락하고 입장 안 한다고 해서 일방적으로 의안을 두 건이나 상정했다고 하는 것은 있을 수 없는 일이고, 독재 시대 때도 없었습니다. 어떻게 이 일을 그냥 넘어간단 말입니까? 저는 정말 이 부분은 우리 대한민국의 민주화를 위해서 그토록 처절하게 싸웠던 민주 인사에 대한 모독이고, 우리 국회사의 영원히 지울 수 없는 오점을 남겼다고 생각합니다. 이 부분에 대해서 정세균 의장께서는 충분하게 해명하고 다시는 이런 일이 있어서는 안 되겠다는 말씀을 분명히 드립니다.

두 번째로 저는 예산결산특별위원회의 무용론에 대해서 말씀 드리고자 합니다. 국회 예산특별위원회는 모두가 알고 있다시피

1년간 상시 위원회로 활동하고 또 전문적인 지식을 갖고 1년 동안 활동하고 있습니다. 그런데 2018년도 예산안 심의를 보면서 저는 참으로 국회가 과연 예결위를 가동할 필요가 있는가 회의했습니다. 국회 원내대표·정책위의장들이 거의 다 예산안을 주물러 왔고, 그 뒤에는 거의 다 지도부가 뒷거래로 다 마무리 지었습니다. 저는 국민이 용서할 수 없다고 생각합니다.

특히 국민의당은 법인세법 인상, 혈세 공무원 증원 또 중소기업 재정 혈세 지원 등 이런 부분에 분명히 반대했으면서도 막판에는 다 동의했습니다. 또한, 얼토당토않은 개헌 문제와 선거구제 이런 부분을, 이건 언론 또 문자메시지를 통해서 다 공개됐습니다마는 이런 일들이 다시는 있어서는 안 되겠다는 말씀을 드리고 국회의 권위를 위해서도 정세균 의장님은 다시는··· 이러한 일이 재발하지 않도록 하는 재발방지책을 본인께서도 구축해 주시고 또 대한민국 국회의 권위를 위해서도 다시는 이런 일이 있어서는 안 되겠다고 하는 자성을 본 의원도 하고 이 자리에 있는 여러 의원님 여러분들도 자성하는 계기가 되어야 하겠다 하는 말씀으로 충정의 마음으로 한 말씀 드렸습니다. 감사합니다.

5. 제352회 국회 본회의 5분 자유발언

제가 2017년 7월 20일 국회 본회의 시간에 한 자유발언입니다.

존경하는 정세균 국회의장님, 그리고 선배·동료 의원 여러분!

본 의원은 오늘 문재인 정부의 급격한 에너지 정책에 대한 국민적 우려와 경제 전반에 미치는 악영향에 대하여 말씀드리고자 이 자리에 섰습니다. (영상자료를 보며) 에너지 정책은 국가의 백년대계로서 국민의 대의기관인 국회와 충분히 논의되고 협의가 이뤄져야 함에도 논의 부분이 생략되고 문재인 대통령께서 고리 1호기 폐로 행사에서 탈원전 정책을 발표하고 바로 국무회의 석상에서 구두보고 및 협조 사항이라는 명목으로 국무회의회의록에 게재한 것이 전부입니다. 또한, 문재인 대통령께서는 고리 1호기 영구정지 선포식에서 원전의 이해에 대해 참으로 부족한 부분을 말씀하셨습니다. '탈원전'을 '탈핵'으로 표현하시고 또한 일본의 후쿠시마 원전사고로 1,368명이 사망했다고 하는 또한 지진으로 일본 후쿠시마 사고가 일어났다고 하는 사실과 다른 부분을 연설하셔서 일본 정부로부터 공식 항의를 받았습니다. 저는 이 부분에 대해서 참으로 유감스럽게 생각하고, 당시 연설문을 작성한 관계자에게는 꼭 문책이 뒤따라야 한다고 생각합니다.

존경하는 선배·동료 의원 여러분!

지금 문제가 되는 신고리 5, 6호기 사업은 분명히 2003년부터 2008년까지 노무현 대통령 참여정부 시절 추진됐던 사업이 명확합니다. 화면에도 나와 있습니다마는 신고리 5·6호기 예정 구역 부지 대다수가 그 당시에 매수되고, 또한 2000년도 9월에 김대중 대통령께서 전원개발계획을 수립하면서 17년 동안 계속 이어져 온 국책사업임을 다시 한번 얘기하고자 합니다.

존경하는 선배·동료 의원 여러분!

이제 무분별한 공약에 국가재정이 멍듭니다. 의원님들께서도 알다시피 2001년도부터 추진됐던 서울외곽순환도로, 일명 사패산터널 공사, 또한 2003년도 경부고속철도 금정산-천성산 공사 이 부분도 도롱뇽 문제로 공정이 1년 2개월이나 중단되었습니다. 사패산터널 공사도 공기 연장으로 5,500억 원의 국가손실을 보았고, 경부고속철도 금정산-천성산 공사도 무려 2조 5,000억의 국가손실을 냈습니다.

또한, 신고리 5·6호기 사업도 만약 3개월 후에 공론화위원회에서 영구 중단 결정이 됐을 때, 매몰비 포함 2조 6,000억의 엄청난 국가적 손실을 눈앞에 두고 있습니다. 바로 사패산 구간 이 부분도 당시 노무현 후보께서 백지화 공약을 해서 결국에는 대통령께서 국민에게 사과 성명을 하고 이 사패산터널 공사는 정상적으로 되었고. 금정산—천성산 이 구간도 결국에는 1년 2개월이라고 하는 엄청난 기간 동안 국가적 또 사회적 갈등을 양산한 가운데 예산만 무려 2조 5,000억을 날리고 공사는 시작되었고, 그때 걱정했던 도롱뇽은 지금 오히려 더 많이 번창하고 있습니다.

존경하는 동료의원 여러분!

다시는 우리 정치가 국민에게 눈물을 닦아 주는 것이 아니라, 눈물 나게 하는 이런 정치는 인제 그만둬야 한다고 생각합니다. 부디 꼭 현명한 판단을 대통령께서, 집권 여당 의원 여러분께 내려 주시기를 간절히 호소드립니다. 감사합니다.

6. 제349회 국회 본회의 5분 자유발언

2017년 2월 23일 국회 본회의에서 한 자유발언을 소개합니다.

존경하는 정세균 의장님, 그리고 선배·동료 의원 여러분!

울산 남구갑 출신 이채익 의원입니다. 본 의원은 1980년대에 군정 종식과 직선제 개헌, 민주화운동에 제일 앞장선 정치인입니다. 뒤돌아보면 1987년 노태우 정권의 범국민적 저항으로 쟁취한 6·29 선언, 그 6·29 선언이 바로 다시는 우리나라에 헌정 중단이 없어야 하고, 대통령을 체육관에서 뽑는 대통령이 아니라, 온 국민의 열망에 의한 직선제 개헌을 통해서 대통령을 뽑는 이 부분이 바로 6·29 선언의 중심 항목이라고 생각합니다. 그래서 우리 헌법은 제84조에 '대통령은 내란 혹은 외환의 죄를 범한 경우를 제외하고는 재직 중에는 절대 소추를 받지 아니한다.' 이렇게 되어있습니다.

존경하는 국민 여러분!

저는 참으로 안타깝게 생각하는 것은 우리나라에 증오의 정치가 너무나도 넓고 깊습니다. 저는 개인적으로 2004년도에 노무현 대통령의 탄핵을 반대했습니다. 이제 또 12년 만에 우리는 대통령의 탄핵 과정을 보고 있습니다. 대한민국이 세계 10대 강국에 들어섰는데도 불구하고 정치는 이렇게 매번 탄핵이라는 방법으로 대통령을 흠집 내고 또 헌정 중단하는 것이 과연 대한민국 정치에 무엇이 그렇게 바람직합니까? 저는 참으로 우리 여의도 정치에 증오의 정치를 몰아내야 한다고 생각합니다. 국민의 표로 당선된 국회의원을 이렇게 미워하고 증오하고 탄핵이라는 방법으로 몰아내야 합니까? 헌법 제84조는 분명히 내란 혹은 외환의 죄를 범한 경우를 제외하고는 재직 중에는 절대 소추받지 아니한다고 명시하고 있습니다. 만약 박근혜 대통령이 재직 중에 문제가 있다고 하면 임기 후에 그에 상응하는 법적 조치를 마련해도 된다고 생각합니다. 그런데도 임기 1년 이상 남은 대통령을 이렇게 탄핵하는 방식으로 가는 게 과연 우리 대한민국 정치발전의 옳은 길인가, 저는 이 부분에 대해서 먼저 지적하지 않을 수 없습니다.

또한, 저는 이번 탄핵 심판이 절차적으로 큰 문제를 안고 있다고 생각합니다. 절차법상 선 수사 후 소추가 원칙입니다. 즉 수사해서 상당한 혐의가 발견되었을 때 탄핵소추를 하는 것이 원칙입니다. 그렇지 않다면 특검을 먼저 해서 결과가 나오면 그 결과를 보고 탄핵소추를 하는 것이 맞습니다. 그런 점에서 이번 우리 대한민국 국회의 탄핵소추 의결은 너무나도 성급한 면이 있었다고 생각합니다. 2016년 12월 3일 대통령 탄핵소추안이 발의되어서 6일 만에 12월 9일 탄핵소추안이 가결되어 대통령의 직무가 정지되고, 또한 지금 헌재 9명의 재판관 전원의 심리 참여가 헌법상 원칙임에도 불구하고, 이미 퇴임한 박한철 재판소장과 퇴임이 예정된 이정미 재판관의 후임 재판관 임명을 하지 않고, 재판을 이렇게 강행하는 것이 과연 공정한 재판입니까? 이 재판을 전 세계가, 대한민국 역사가 지켜보고 있습니다. 또한, 법적 성격이 전혀 다른 탄핵 사유에 대하여 개별적으로 심의 표결하지 않고, 일괄하여 표결한 것도 대한민국 국회 역사에 영원히 남을 중대한 적법 하자라고 생각합니다.

존경하는 의원님 여러분!

국민 여러분! 정말 이 답답한 심정을 토로합니다마는 다시는 증오의 정치를 몰아내고 5년 단임의 대통령 임기를 보장하는… 그런 성숙한 대한민국 국회를 국민에게 보여줘야 하지 않겠나 하는 말씀을 드리면서 저의 5분 자유발언을 마칩니다. 감사합니다.

7. 제339회 국회 본회의 5분 자유발언

제가 2016년 2월 4일 국회 본회의에서 5분간 자유발언 한 내용입니다.

존경하는 정의화 국회의장님, 그리고 선배·동료 의원님 여러분! 울산 남구갑 출신 이채익 국회의원입니다. 제가 준비한 5분 자유발언 드리기 전에 의장님께 정중히 회의 진행과 관련해서 한 말씀 드리고자 합니다. 많은 좋은 말씀 좋습니다마는 저는 우리 국회가 시간 지키는 것부터 정확히 해야 한다고 봅니다. 5분 자유발언 하면 5분 안에 발언을 마치고 내려가는, 이 단상이 의원총회 하는 것도 아니고, 이 중요한 단상에서 마이크가 꺼진 상태에서 무려 5분, 10분 계속하고 또 그 부분을 제재하지 않는 것은 저는 절대 국회의 전통에도 바람직하지 않다고 봅니다. 꼭 좀 바로잡아 주시길 바랍니다.

제가 준비한 원고 낭독하겠습니다. 동북아 오일허브를 위한 경제 살리기 법안, 일명 석대법이 제19대 국회에 반드시 통과되기를 촉구합니다. 19대 국회가 불과 4개월 남짓 남은 이 시점에서 대단히 절박한 심정으로 이 자리에 섰습니다. 지난 2012년 5월 30일 19대 국회를 시작한 이후 총 1만 7,309건의 법안이 발의되었음에도 우리 국회는 이 중 32.2%인 5,566건을 처리하는 데 그쳤습니다. 67.8%의 법안은 아직도 처리되지 못하고, 19대 국회를 끝으로 자동 폐기될 상황에 부닥쳐 있습니다. 현재 우리 경제는 풍전등화 위기 속에 있고, 서민 경제는 고통의 연속입니다.

그런데도 야당은 이른바 선진화법을 빌미로 법안 처리를 미루고 있어서 한시가 급한 우리 경제의 주름살은 깊어만 가고 있습니다. 정치권은 지금이라도 당리당략과 포퓰리즘에서 벗어나 19대 국회를 일하는 국회, 민생 국회로 만들어 대한민국 경제를 살리는 데 다 같이 동참해야 합니다. 벌써 3년째 계류 중인 서비스산업발전법을 비롯해 청년 일자리를 위한 노동개혁 입법 등 시급한 민생법안들은 정치권이 논쟁만 하는 사이 이제 자동 폐기의 위기에 몰려있습니다.

특히 동북아 오일허브 사업의 시초인 울산 신항 건설사업은 김대중 정부부터 시작된 사업으로 노무현 정부를 거치면서 지금까지 약 2조 원의 사업비가 투입되었습니다. 이제 막바지에 다다른 동북아 오일허브 사업을 성공적으로 끌어내기 위해서는 석유 및 석유대체연료 사업법이 조속히 통과되어야 합니다. 석유 및 석유대체연료 사업법 개정안은 석유제품의 혼합·제조(블렌딩) 및 거래를 허용하는 것입니다. 싱가포르, 네덜란드 등 주요 국가들은 이미 우리나라와 달리 종합 보세구역 내에 다양한 석유제품의 수요에 맞춰서 자유로운 블렌딩을 허용하는 반면, 우리나라는 블렌딩이 허용되지 않고 있습니다. 블렌딩에 대한 규제가 완화될 경우 일자리 창출은 물론 지역과 국가 경제에 미치는 파급효과가 매우 크다고 합니다.

KDI에 의하면 동북아 오일허브 울산 사업의 경제적 효과는 전국적으로 생산 유발 4조 4,647억 원, 고용 유발 2만 2,237명으로 나타났다고 보고했고, 특히 울산지역에서만 생산 유발 2조 5,419억, 고용 유발 1만 2,036명, 부가가치 유발효과 9,481억 원에 이른다고 분석하고 있습니다. 주요 선진국인 싱가포르와 네덜란드도 오일허브는 각각 GDP의 11.5%, 7.3%에 달하는 부가가치를 창출할 정도로 지역과 국가 경제에 크게 이바지하고 있습니다. 2000년 초반부터 추진해 온 이 사업이 이제 막바지에 달해 있는 국가적인 사업인 만큼 더는 표류 되어서는 안 된다고 생각합니다. 부디 19대 국회가 끝나기 전에 꼭 통과시켜 주시기를 간곡히 호소합니다. 감사합니다.

4부

이채익 의원의 의정활동

"

1990년대 울산은 산업의 중심이자, 100만 명의 인구를 자랑하는 대한민국 7번째 도시였지만, 도시로서의 기반은 열악했습니다. 경상남도에 소속된 기초자치 단체라서 자율적으로 도시 정책을 결정하는 건 불가능했습니다. 이 문제를 해결하려면 울산시는 광역시로 반드시 승격이 필요했고, 광역시로 승격하는 문제는 울산시민의 최대 현안이었습니다.

"

1. S-OIL 샤힌 프로젝트 기공식 축하합니다

저는 2023년 3월 9일 S-OIL 온산공장에서 윤석열 대통령께서 참석하신 가운데 석유화학 복합시설 기공식에 참석했습니다. 샤힌 프로젝트는 한국과 사우디가 협력한 9조 3,000억 원의 프로젝트로 울산 S-OIL 온산국가산업단지에 대규모 석유화학 생산 설비를 건설하며 원유 생산수율을 3배가량 높이는 공정이 세계 최초로 적용됐습니다. 샤힌 프로젝트는 광범위한 탄소 중립을 목표로 하는 친환경 에너지 화학 기업으로서의 위상을 다지는 S-OIL의 야심 찬 계획입니다. S-OIL 샤힌 프로젝트는 글로벌 종합 에너지·화학기업인 아람코가 한국에 투자하는 사상 최대규모의 사업이고, 샤힌 프로젝트가 완공되면, S-OIL의 사업 포트폴리오는 석유화학 비중이 12%에서 25%로 확대될 것으로 예상합니다. 샤힌 프로젝트의 경제적 효과는 건설하는 동안 최대 하루 1만 7,000명에게 일자리를 제공하고, 가동 이후에도 상시 고용 400명 이상과 3조 원의 경제적 가치가 있을 것으로 기대됩니다. 특히, 샤힌 프로젝트는 온실가스 배출 저감을 지원하는 최신 기술들이 적용됩니다.

저는 한국석유공사 비축 시설 용지를 S-OIL 용지로 매각하는 과정에서 19대 국회 산자위에서 석유공사 용지매각의 필요성과 부지확보난의 문제점을 지적했습니다. 지난 국회 산자위 위원으

The New Era Begins
S-OIL 샤힌 프로젝트 기공식

로서 동북아오일허브의 성공을 위해 석대법의 필요성을 강조했으며, 석유화학 공정기술교육센터 구축 및 공단의 안전을 위해 빈틈없이 기해왔습니다. 또한, 올해에는 울산 석유화학단지 통합 파이프랙 구축을 위한 예산을 확보 및 석유화학 산단 지역자원시설세 확대를 촉구했습니다.

이번 기공식을 통해 전 세계적인 경기침체와 러·우 전쟁으로 인해 침체한 대한민국의 석유화학산업이 재도약할 수 있기를 바라며, 석유화학산업의 발전을 위해 국회에서 앞장서서 노력하겠습니다. 본 의원이 S-OIL 부지난이 해결되고 공사가 정상적으로 진행되는데 있어서 큰 보람으로 생각합니다. S-OIL 석유화학 복합시설 '샤힌 프로젝트' 기공식을 진심으로 축하드리며, 울산의 상징 석유화학 사업이 더욱 발전할 수 있도록 국회 차원의 노력을 아끼지 않겠습니다.

2. 울산경찰특공대 창설

2023년 9월 21일 오전 10시 울주경찰서에서 열린 울산경찰특공대 창설식에 참석했습니다. 울산은 정유 · 전력시설 등 다수의 국가 중요시설과 다중이용건축물 등이 밀집돼 있어 테러 위협이 높은 지역이지만, 대테러 전담 부대가 없어 그동안 인접한 부산 · 경남경찰청 특공대를 지원받아 대처해 왔습니다. 이에 울산경찰청은 울산경찰특공대 창설의 필요성을 행정안전부와 기획재정부에 요청했고, 2022년 12월 경찰특공대 창설계획이 국회를 통과하면서 울산, 강원, 충북 3곳에 경찰특공대 신규 창설 예산 72억 원이 반영되어 울산경찰특공대 창설이 이뤄지게 되었습니다.

이 과정에서 당시 국회 행정안전위원장이었던 제가 상임위 정책질의를 통해 이상민 행정안전부 장관에게 울산경찰특공대 창설을 촉구하고, 행정안전부, 경찰청 관련 실무자와 간담회를 하는 등 경찰특공대 창설을 위해 큰 노력을 기울였습니다. 이번에 창설하는 울산경찰특공대는 25명 규모로 특공대장 1명, 전술팀 15명, 폭발물 처리팀 3명, 탐지팀 3명, 행정팀 3명으로 구성되었으며, 테러 예방 및 진압, 요인경호, 인질 상황 등 중요 임무를 수행하게 됩니다. 아직 경찰특공대 청사 용지 선정 등 경찰특공대가 완전히 자리 잡기 위해서는 조금 더 시간이 필요해 보이지만, 지속으로 관심 두고, 조속히 해결할 수 있도록 최선을 다하도록 하겠습니다.

SPECIAL OPERATION UNIT · SPECIAL OPERATION UNIT ·
SOU
경찰특공대
울산경찰청
경찰특공대
경찰특공대
든든한 친구
HIDDEN
공대의 탄생
울산경찰청 경찰특공대 창설식
SOU

3. 보통교부세 약 1조 원을 확보하다

저는 2022년 10월 17일 울산광역시 국정감사에서 울산광역시에 대한 불균형한 보통교부세 배분은 국회뿐만 아니라, 울산시 자체의 노력이 필요하다고 당부했습니다. 울산시에서 제출한 최근 5년간 보통교부세 배분을 살펴보면 울산은 연평균 0.91%로 6대 광역시 중 가장 낮은 것으로 나타났습니다. 울산과 비슷한 인구 규모의 대전과 광주가 각 4.1 조, 4.9조 원을 배분받은 것에 비교해 무려 58조 원의 국세를 내고 2조 원만 배분받았습니다. 저는 김두겸 시장님께 "불균형적인 국비 지원에 대한 문제에 관해 어떻게 생각하시는지"를 질의하고 "울산시가 자체적으로 관련 부처와 적극적으로 협의하고 현안에 대해 해결하려고 하는 의지를 보여야 한다"라고 촉구한 결과 드디어 보통교부세 약 1조 원을 확보했습니다. 보통교부세란, 정부가 재정수입이 재정수요에 못 미치는 지방정부에 배분하는 예산으로 특별교부세와 달리 일정한 조건이나 용도가 지정되지 않아 지방정부가 자율적으로 사용할 수 있는 재원입니다.

울산시는 올해 보통교부세 9천 960억 원을 확보해 이미 배정된 3조 3천 230억 원과 함께 4조 3천 190억 원의 국비로 2023년도를 시작했습니다. 울산시의 보통교부세는 지난해 6천 100억 원 대비 3천 860억 원이 늘었습니다. 전년 대비 63.3%가 상승했으며, 이는 전국 1위에 해당합니다. 한정된 국가 예산에서 지방 예산을 증액시키는 것은 사실 매우 어려운 일입니다. 대한민국의 모든 지자체와 국회의원 300명이 매년 국가 예산 확보를 위해 치열한 전쟁을 벌이기 때문입니다. 제가 국회 행정 안전위원회 위원장으로 선임된 후 울산시 관계자로부터 울산시의 보통교부세가 6천억 원 정도를 받고 있으며, 6대 광역시 중 가장 낮다는 이야기를 들었습니다. 울산시에 국세 징수와 보통교부세를 받은 최근 5년간 자료를 제출받은 결과 울산에서 60조 원에 가까운 국세를 징수하면서도 그간 받은 보통교부세는 전국 6대 광역시 중 가장 적은 2조 원에 불과했습니다. 대전, 광주는 국세 징수가 울산의 절반에도 못 미치는데도 불구하고, 보통교부세는 2배 이상 많이 배분받았습니다.

물론 지방 재정 조정제도라 해서 징수한 국세에 비례해 교부세를 배분하는 것은 아니지만, 울산의 처지에서는 이해하기가 어렵습니다. 그래서 저는 행정안전부 장관과 지방재정정책실 담당관에게 울산의 불합리함을 지적하고, 보통교부세 교부 조건을 개선해야 한다고 강조하고 대책 마련을 요구하였고, 작년 국정감사에서도 이를 지적한 바 있습니다. 이에 작년 10월 31일, 행정안전부는 보통교부세 혁신방안을 발표하면서 울산과 같은 산업도시에 유리한 '산업 경제비를 산업단지 수요에 신규 반영'해서 지역경제의 활력 제고에 지원을 강화하겠다고 발표했습니다. 이는 울산 정치권과 울산시가 합심해서 노력한 결과입니다.

4. 옥동 군부대 이전을 위한 합의각서 체결

2023년 6월 19일 울산시장실에서 김두겸 울산시장, 국방시설본부 관계자, 본 의원과 이장걸・안대룡 시의원이 참석한 가운데 '옥동 군부대 이전'을 위한 합의각서를 체결했습니다. 울산 옥동 군부대는 도심을 가로막아 발전을 저해하고 있어, 군부대 이전은 저의 21대 총선 공약이었고, 김두겸 시장 또한 민선 8기 시장공약으로 내세울 정도로 오랜 숙원사업이 본궤도에 오르게 되었습니다. 이번 합의각서 체결에 따라 울산시는 옥동 군사시설을 2027년 상반기까지 울주군 청량읍 일원으로 이전하고, 이곳에는 2029년까지 도시개발사업을 통한 도로·공원·주차장 등 기반 시설과 공동주택 및 주민편익 시설을 조성하게 됩니다.

지난 1984년에 조성된 옥동 군부대는 10만 제곱미터가 넘는 규모로 울산의 최고 중심에 자리 잡고 있습니다. 울산시민은 주거 불편 해소와 지역발전, 활용도 제고 면에서 군부대 이전을 염원했습니다.

저는 그간 남구 지역의 발전을 위해 옥동 군부대를 이전하여 교육, 문화, 복지 복합단지를 만들겠다고 포부를 밝히고, 꾸준히 앞장서 왔습니다. 2015년 군 인권 개선 및 병영문화혁신특위 위원이었던 저는 옥동 군부대 이전과 관련해 국방부와 산림청 간 원만한 협의를 끌어냈습니다. 2016년 12월에는 옥동 군부대 이전을

위한 국민 대토론회를 주최하여 시민들과 전문가들의 의견을 반영하는 시간을 마련했습니다. 이 자리에서 울산시와 국방부의 적극적인 협력을 강조했습니다. 또 국회 대정부질문에서는 국방부 장관에게 옥동 군부대의 필요성을 밝히고, 구체적인 방안 마련에 힘써달라고 주문했습니다. 2018년에는 울산의 경제위기 해결방안으로 옥동 군부대 이전 등 다양한 지역 현안의 추진상황을 점검하며, 정책 국감을 이끌어 특별우수위원으로 선정되었습니다.

한편 관계부처 장관을 비롯한 공무원, 관련 담당자들을 만나 설득한 끝에 남구 옥동이 도시재생 뉴딜 사업지로 최종 선정되었습니다. 앞으로 더 높은 수준의 예산 확보와 추진상황 점검 등 시민들께서 염원하는 울산시 사업이 차질 없이 마무리될 수 있도록 노력하겠습니다.

5. 울산 석유화학단지 통합 파이프랙 구축사업 착수

제가 추진한 울산 석유화학단지 통합 파이프랙 구축사업이 본격적으로 시작되었습니다. 2015년 3월 당시 새누리당 최고위원회에 노후화된 석유화학단지 파이프 배관 통합 파이프랙 구축사업을 실현해야 할 때라며 정부 사업으로 확정시켜 달라 요청했습니다. 공단 지하에 노후화된 채로 복잡하게 얽혀있는 가스 배관과 화학물질 운반 배관들이 자칫 큰 사고로 야기될 수 있다는 것을 다들 인지하고 있었는데도 사업이 추진되지 않았습니다. 그 이후 울산 석화단지 통합 파이프랙 구축사업의 추진 현황을 계속해서 점검하고 사업이 조기 추진될 수 있도록 관계기관들의 관심과 참여를 독려하며 관련 예산을 확보하는 데 총력을 다했고, 20대 국회 예결위 위원으로 활동하며 관련 사업 예산 5억 6천만 원을 확보하기도 했습니다. 원료의 원활한 공급은 차치하고, 국민의 안전과 직결되는 문제라고 판단했기 때문입니다.

그리고 드디어 울산 석화단지의 숙원인 통합 파이프랙 구축사업의 본격화가 시작되었습니다. 2023년 3월 22일 울산광역시가 제정한 화학의 날을 맞아 열린 기념식에서 울산시, 한국산업단지공단, 울산도시공사, 석유화학단지 내 화학업체 등 총 30개의 공공기관과 기업체가 '울산 석유화학단지 통합 파이프랙 구축을 위한 업무협약' MOU를 체결하고 사업 착수를 선언했습니다. 이번 MOU와 사업 착수를 환영하며, 안전사고를 예방하고 원료와 제

품의 원활한 상호공급을 통해 기업 운영의 효율성을 높이게 될 통합 파이프랙이 속히 구축될 수 있도록 끝까지 챙기겠습니다.

6. 문화체육관광부 지정 울산 법정 문화도시 확정

저는 울산시 남구청장 재임 시절부터 문화관광 도시 울산을 만들기 위해 끊임없이 노력했습니다. 장생포 고래박물관 건립과 장생포 관광문화 특구 선정 등을 추진했고, 2022년 11월 법정 문화도시 지정을 위한 시민 심포지엄을 개최하여 전문가들의 고견을 모으며 최종확정을 위해 박차를 가했고, 드디어 울산시는 문화체육관광부 주관 '제4차 법정 문화도시' 공모사업에서 2022년 12월 6일 광역지방자치단체 최초로 법정 문화도시로 지정되었습니다.

울산은 2023년부터 5년간 국비, 시비를 포함하여 최대 200억 원을 지원받습니다. 산업수도 이미지가 강했던 울산이 법정 문화도시 선정을 계기로 '꿈꾸는 문화공장, 시민이 만드는 문화공장, 시민 모두가 문화 공장장'을 이상으로 하는 문화와 예술이 공존하는 아름다운 도시로서의 면모를 기대해 봅니다. 울산을 생각하면 떠오르는 첫 단어는 산업도시이며, 공장이 연상됩니다. 울산은 1962년 특정공업지구 지정 후 산업수도라는 영광스러운 수식어는 얻었지만, 최악의 공해 도시라는 오명도 함께 했습니다.

이로 인해 시민들의 상실감과 육체적 정신적 고통은 감내하고 살아왔습니다. 하지만 이제는 우리나라 2호 태화강 국가 정원과 영남알프스, 반구대암각화 등이 소재하고 울산시립미술관, 박물관 등이 설립되었습니다. 최근에는 법정 문화도시로 선정됨으로써 명실공히 이제는 산업과 문화예술이 공존하는 도시로 변하고 있습니다. 특히, 법정 문화도시는 21년 12월, 문화체육관광부의 제4차 예비 문화도시 공모사업에 전국 49개 지자체가 응모하여 11개 지자체가 선정되었습니다. 법정 문화도시는 문체부에서 지난 2018년부터 지역별 특색 있는 문화발전 자원을 위해 제정된 '지역 문화진흥법'에 따라 예비 문화도시 선정 후 1년간 서면·현장평가, 성과발표회 등을 바탕으로 문화도시 지정 심의를 거쳐 최종 법정 문화도시로 지정되며 100억 원의 국비가 지원됩니다.

2022년 10월경 제4차 법정 문화도시 지정을 앞두고 전국 16개 광역·기초단체가 치열한 경합을 벌이고, 정치인, 문화예술인과 시민단체가 최종 선정을 위해 최선을 다했습니다. 저는 작년 11월 12일, 문화체육관광부의 현장평가를 앞두고 있던 시점에 왜 울산이 문화도시로 지정돼야 하는지를 알리기 위해 '울산 법정 문화도시 지정을 위한 시민 심포지엄'을 '문화도시울산포럼'과 함께 주최하기도 했습니다. 그뿐 아니라 울산의 고유 문화자원을 효과적으로 활용해 문화창조력을 강화함으로써 울산도 문화도시로서의 발전 가능성을 충분히 내포하고 있음을 문화체육관광부 담당관에게 알렸습니다.

그 당시 모든 정치권과 울산시, 그리고 울산시민이 한마음이 되어 준비한 결과 2022년 12월 6일 법정 문화도시에 최종 선정되는 쾌거를 달성했습니다. 지금 생각해도 너무나 가슴이 벅차오릅니다. 하지만 아직 갈 길이 멉니다. 법정 문화도시는 문화예술과는 먼 변방 도시처럼 돌고 있는 울산에는 기회의 무대가 될 것

문화체육관광부 지정!
울산시 법정문화도시
최종확정!!

23년부터 5년간
국비, 시비포함 최대
"200억원"
지원받게 됐습니다.

항상 문화도시 울산을 위해
함께 일하겠습니다

국회 행정안전위원장
울산 남구갑
국회의원 **이 채 익**

이며, 새로운 문화예술관광 자원을 찾아내어 이를 끌어내는 것은 우리의 몫입니다. 앞으로 울산이 산업과 문화예술이 공존하고, 모든 시민이 이를 즐기며 향유 하는 복합 문화도시로 거듭나길 기대하며, 울산시민들의 적극적인 참여를 부탁드립니다. 시민들의 참여 없이는 문화예술 도시 울산 건설은 성공하지 못합니다.

7. 종하체육관 재건립 사업비 300억 기부받았습니다

2022년 3월 30일 오전, 신정동 종하체육관 현장에서는 3대에 이은 아름다운 기부행사가 있었습니다. 고 이종하 선생님의 신정동 땅 3,000평, 1977년 준공 당시 건축비 1억 3,000만 원 기부로 지어진 종하체육관을 45년 만에 허물고, 아들 이주용 선생님의 300억 기부와 두 아드님인 이상현, 이상훈 사장님의 건축 의지에 따라 6층 신축건물로 문화시설, IT 센터 등이 포함된 종하이노베이션이 재탄생했습니다. 참으로 감격스럽습니다. 저는 2020년 물어물어 서울에 거주하시는 이주용 선생님을 찾아뵙고, 울산의 열악한 문화시설을 설명하고 협조를 요청해서 그 자리에서 300억 원 기부 의사를 확인받았습니다. 너무나 감격한 나머지 그 자리에서 울산시민을 대신해 큰절로 예를 표했습니다.

장남 되시는 이상현 부회장님께서는 "아버지가 우리나라 정보통신의 1세대 어르신인데, 내가 번 돈을 후학들을 위해 사회에 환원하고 싶다"라는 말씀을 평소에 하셨고, 이를 실천해 주셨다고 하셨습니다. 어제 이상현 부회장님께서 인사 말씀을 하면서 부친께서는 항시 자식들에게 "돈은 버는 것보다 쓰는 것이 더 어렵다"라는 말씀을 자주 하시면서 근면한 삶을 몸소 실천하신다고 얘기했습니다. 요즘 같은 각박한 세상에 울산을 위해 300억 원을 기부해주신 존경하는 이주용 선생님의 만수무강을 기원합니다. 그리고 이상현 부회장님, 이상훈 사장님 두 분의 가정과 따

| 이주용 회장, 아들 이상현 부회장과 함께 |

님 가정에도 큰 축복이 있으시길 울산시민의 한 사람으로 기원합니다. 기부가 있기까지 역사적인 현장에 함께하고 힘을 모은 안수일 울산시의회 부의장, 이정훈 남구의회 건설복지위원장께도 감사드립니다.

8. 모두가 반대한 울산 테크노산업단지를 성공시키다

2015년 11월 19일 울산광역시 남구 옥동(두왕동) 242번지 일원에서 열린 울산 테크노산업단지 기공식에 참석했습니다. 울산 테크노산업단지는 2010년 4월 7일 울산광역시와 한국산업단지공단이 기본협약을 체결한 이후, 2012년 2월 한국산업단지공단이 재무적 부담을 이유로 사업이 무산될 위기에 놓였습니다. 저는 그해 8월부터 4개월 동안 당시 홍석우 지식경제부 장관과 김경수 한국산업단지공단 이사장을 여러 차례 만나 사업의 당위성을 설명하고, 의원회관과 지역사무실에서도 울산시, 한국산업단지공단, 울산대, 울산과학원(UNIST), 울산도시공사 관계자들과 함께 여러 차례 걸쳐 간담회를 했습니다. 이런 노력 덕분에 지난 2012년 11월 29일 한국산업단지공단이 본 사업에 대한 투자심의를 열고, 본 사업의 사업 타당성이 충분하다는 결론으로 사업 추진에 탄력을 받게 되었습니다. 테크노 산단이 조성되면 위기에 직면한 자동차, 조선·해양, 석유화학 등 주력산업의 체질을 개선하고 에너지와 신소재 등 미래 신산업과 금형, 주조 등 뿌리 산업 진흥에 이바지할 것으로 기대합니다.

테크노 산단은 울산 미포·온산 국가산업단지, 울산 자유무역지역, 신 일반산업단지 등 인접 산업단지의 생산기능에 연구기능을 지원하는 핵심 역할을 할 것입니다. 이곳에는 한국에너지

기술연구원 울산분원, 석유화학 공정기술교육센터, 수소연료전지센터, 석유화학단지 통합지원센터, 조선·해양 도장표면처리센터, 조선·해양 장수명 기술지원센터, 뿌리 산업 ACE 기술지원센터, 산학융합형 첨단기술도시 등 8개 공공 연구·개발 기관과 70여 개 기업부설 연구소들이 입주할 예정이다. 테크노 산단은 대학, 공공연구기관, 기업부설 연구소가 집적한 연구특화단지로서 울산뿐만 아니라 한국형 실리콘 밸리로 성장시킨다는 계획입니다. 울산광역시가 지난 반세기 동안 산업수도라는 명성을 얻었던 것처럼, 미래 50년도 새로운 산업수도인 창조경제 수도로 도약할 것입니다. 무엇보다 모두가 울산 테크노 산단이 실패할 거라고 반대했지만, 저는 울산 테크노 산단의 성공을 확신했기에 밀어붙였습니다. 강아지가 짖어도 열차는 갑니다. 울산 테크노 산단은 손가락의 다이아몬드처럼 울산에서 반짝이고 있습니다.

9. 남구청장 시절, 장생포 고래박물관 건립하다

1986년 포경이 금지된 이래 사라져가는 포경유물을 수집, 보존 전시하고 고래와 관련된 각종 정보를 제공함으로써 해양생태계 및 교육연구 체험공간을 제공하여 해양관광 자원으로 활동하기 위한 국내 유일의 고래박물관이 2005년 5월 31일 장생포 해양공원에 문을 열었습니다. 2001년 건립을 결정한 고래박물관은 총 54억 원을 투자해 지상 4층 규모로 건립했고, 1층에는 어린이 생태 체험관, 2층에는 포경 역사관, 3층에는 고래 해체장 복원관, 귀신 고래관, 4층에는 전망대가 있습니다. 울산은 선사시대부터 고래와 깊은 인연을 맺고 있는 도시이다. 울주군 언양읍 대곡리 반구대 암각화(국보 285호)에 새겨진 선사시대 고래 그림은 선사시대부터 내려온 울산의 포경역사를, 천연기념물로 지정된 극경회유해면(천연기념물 126호)은 울산 앞바다에서 귀신고래가 회유했음을 증명하듯이 울산의 역사는 고래의 역사입니다.

1986년 국제포경위원회(IWC)가 상업포경을 금지하기 전까지 장생포는 포경업 전진 기지였습니다. 지금까지 알려진 포경의 역사는 1899년 러시아가 장생포에 고래 해체 기지를 건설하면서부터 시작되어, 그 후로 해방 이후까지 포경어업기지로 계속 사용되었다. 60~70년대부터 울산의 공업화가 진행되었지만, 포경은 장생포 어민들뿐만 아니라 울산의 경제적 기반이었습니다.

나는 2001년 민선 1기 남구청장으로 재직하면서 고래박물관 건립을 결정했고, 2003년 11월 장생포 해양공원 내에 건립 용지를 확정하고, 2004년 1월 착공의 첫 삽을 뜬 후 2005년 5월 31일 국내 유일의 고래박물관을 개관했습니다. 박물관 개관을 앞두고 보다 알찬 포경유물 전시를 위해 포경 관련 자료를 수집하려는 노력을 벌였으나 상업포경이 금지된 지 20년이 되어가는 시점에서 고래 관련 자료와 유물을 확보하기란 쉽지 않았다. 장생포 지역을 손바닥으로 쓸 듯 동분서주하고, 국내의 희귀자료와 유물들을 확보하려고 노력한 결과 전국에서 포경 도구와 생태 학술자료, 사진 등 모두 200여 점 유물을 기증받았습니다. 남구 장생포동 김영학(54, 선박수리업) 씨는 자신이 보관하고 있던 고래칼을 비롯한 고래 도끼, 포경용 작살 등 41점을 기증했다. 길이 2m에 달하는 고래 해체용 톱과 대형 고래 칼과 도끼는 김영학 씨가 직접 제작해 장생포항에서 고래 해체용으로 사용했던 도구였습니다.

그리고 박은호 교수가 기증한 고래 관련 우표는 미국·오스트리아·뉴질랜드·중국 등 세계 각국에서 시리즈 형식으로 발행된 기념 우표로 고래의 종류를 상세히 알 수 있습니다. 특히 국제포경위원회에서 1986년 상업포경을 금지하기 전인 1979년 바하마제도의 남동쪽 영국령 섬인 터크스앤드카이코스제도의 소인이 찍힌 우편엽서 등은 희귀본인 것으로 알려졌습니다. 또 일본을 여러 차례 방문하여 관련 자료와 유물을 구했습니다. 그 결과 일본 와카야마현 다이찌정에서 범고래 골격 표본을 기증받을 수 있

| 2022 울산 고래 축제 again 장생포 |

었습니다. 범고래 골격 표본은 1962년 2월 일본 와카야마현 다이찌 앞바다에서 포획한 범고래의 수컷으로 전통 포경지역인 장생포와 다이찌의 도시 간 교류 진흥을 위해 일본 와카야마현 다이찌정에서 특별히 기증했습니다. 범고래는 참돌고래 과에 속하는 고래로 수컷은 최대 9.8m(10t), 암컷은 8.5m(7.5t)이고 다른 고래와 물범 등을 포획하기 위하여 이빨이 발달한 바다 먹이사슬의 최상위에 있으며, 1970년대 다이찌 박물관에서 조립하여 원형대로 전시하고 있습니다.

또한, 2004년 울산 고래 축제에 참여했던 일본포경협회 다카야마 이사장은 포경선 모형을, 포경선을 주로 만들어본 일본 공동선박(주)은 작살과 포경선 부속품을 보내왔습니다. 미야자키자연사박물관은 한국계 귀신고래 머리뼈(길이 1m, 너비 1.5m) 모형을 뜰 수 있도록 배려해주었습니다. 여러 사람의 많은 정성으로 문을 연 고래 박물관은 울산에서 개최된 제57차 국제포경위원회 연례회의와 제86회 전국체육대회를 계기로 국제적인 명소로 부상했습니다. 박물관을 찾은 사람들은 누구나 '특별하고 유익한 곳'이라고 입을 모았습니다.

국내에서 유일한 장생포 고래박물관의 개관과 고래연구센터, 고래위생처리장(고래 해체장), 반구대암각화 등과 연계한 관광벨트화를 통하여 관광도시로 탈바꿈하면 국내 외의 많은 관광객을 유치하게 되었습니다. 문화관광부 예비축제로 선정된 울산고래 축제는 9회 때부터는 일본 시모노세키 시장 및 일본 고래협회장 등 고래에 관심 있는 일본인 130여 명이 꾸준히 참여해 "국제적인 축제로 승화 발전하는데 조금도 손색이 없다"라고 극찬했습니다. 울산고래 축제는 옛 포경어업의 전진 기지의 명성을 되찾고 나아가 울산이 세계 속의 고래 도시로 위상을 정립하게 되었습니다.

10. 울산광역시 승격을 위한 이채익의 단식농성

1990년대 울산은 산업의 중심이자, 100만 명의 인구를 자랑하는 대한민국 7번째 도시였지만, 도시로서의 기반은 열악했습니다. 교육, 문화, 의료 등 삶의 질을 유지하기 위한 가장 기본적인 조건조차 미비했습니다. 경상남도에 소속된 기초자치 단체라서 자율적으로 도시 정책을 결정하는 건 불가능했습니다. 이 문제를 해결하려면 울산시는 광역시로 반드시 승격이 필요했고, 광역시로 승격하는 문제는 울산시민의 최대 현안이었습니다. 시민들은 광역시 승격을 통해 울산이 안고 있는 각종 도시 문제, 문화공간 부족, 공해 대책 등을 풀어나가겠다는 꿈이 있었습니다.

본격적인 승격 논의가 시작된 건 1992년 김영삼 전 대통령이 당선되면서부터였습니다. 울산 출신으로 당시 김영삼 대통령의 최측근이었던 최형우 내무부장관이 울산의 광역시 승격을 대선공약으로 건의했고, 김영삼 대통령께서 울산에 방문하셨을 때 "내가 꼭 승격시키겠다"라고 선포하셨습니다.

하지만 그 과정은 너무나 힘들었습니다. 광역시 승격을 위해서는 경상남도 의회에서 확정안이 통과해야만 했습니다. 울산이 광역시가 되면 경상남도에서 분리되기 때문에 경상남도의 세입이 감소하기에 울산의 광역시 승격을 강력하게 반대했습니다. 하지만 울산시민들은 정치권을 압박했습니다. 최형우 장관은 도의원

울산광역시 승격의 주역

울산광역시 추진위원회 사무처장 이채익 국회의원 을 아시나요?

▶ 당시 울산시의회 의원이자
승격추진위 사무처장이었던 이채익 의원은
울산광역시 승격을 위해 동료 시의원들과
함께 민자당사를 찾아가 단식농성을 하고,

▼ 당시 최형우 내무장관을 직접 찾아가
광역시 승격의 당위성과 필요성을 역설함.

◇직할시 승격을 위해 당시 최형우 내무장관을 만나 직할시 승격의 당위성을 역설하고 울산직할시 승격을 위해 힘써 줄 것을 요청하고 있는 필자.

"오늘의 '울산광역시'는
1993년 출범한
울산시 승격추진위원회가
국회와 경남도를 설득하고
120만 시민들의 간절한 염원으로
함께 이뤄냈습니다!"

들을 만나러 7차례나 내려가서 마지막에는 "당신들이 원하는 게 뭐냐?"라고 했더니 "1년에 들어오는 울산의 세수만큼 중앙정부에서 지원해 달라. 그러면 우리가 생각해보겠다." 최형우 장관은 "내가 꼭 지원해주겠다."라는 해서 울산광역시 승격 승인을 받았습니다. 1997년 7월 15일 울산은 광역시로 새롭게 태어났습니다. 돌이켜보면 당시 시의회를 중심으로 100만 시민 서명운동을 벌이고, 경남도의회의 의결을 받아내는 과정에서 나는 당시 집권당 중앙당사에 들어가서 단식농성을 했습니다. 결국, 5년 만에 '6번째 광역시'라는 선물을 받을 수 있었습니다. 당시 나는 광역시 승격 추진위 사무국장, 경남도의원으로서 시의원, 도의원들과

한마음이 되어 밤낮없이 경남도와 중앙정부를 드나들며 광역시 승격의 당위성을 알리고 승격을 위해 뛰어다녔습니다. 지금 생각해보면 많은 분의 피와 땀의 결실이었습니다.

11. 이채익 의원이 주장한 국가보훈부 승격 관철되었다

제가 지난해 대정부질문을 통해 질의한 국가보훈처에서 국가보훈부로 승격이 이뤄진 것에 대해 환영하고 큰 보람을 느낍니다. 2023년 6월 5일 국가보훈처가 1961년 군사원호청으로 출발한 지 62년 만에 국가보훈부로 승격되었다. 2022년 9월 22일 대정부질문을 통해 한덕수 총리에게 국가보훈처는 국가유공자 보상과 예우라는 기본적인 역할은 물론, 자유민주주의로 대표되는 대한민국의 정체성을 유지하고 국민통합을 이끌어가는 가장 상징성이 큰 부처라며 '부' 승격의 당위성을 밝힌 바 있습니다.

이어 총리께, 확고한 보훈 체계를 확립하겠다는 윤석열 정부의 국정철학과 기조를 보여주고, 대한민국의 격을 높이기 위해 '국가보훈처'를 '국가보훈부'로 꼭 승격해야 한다고 질의했고, 마침내 국가보훈처에서 국가보훈부로 승격되었습니다. 보훈부로 승격되면 장관이 국무위원으로서 국무회의 심의·의결권을 갖고, 헌법상 부서권과 독자적 부령 권도 행사하는 등 권한과 기능이 대폭 강화됩니다. 보훈의 가치를 통해 분열된 국민의 마음이 하나되고, 대한민국의 새로운 도약을 견인하는 보훈 문화 조성에 앞장서 노력하겠습니다.

| 한덕수 국무총리를 방문하고 |

12. 대표 발의 국회 통과

이채익 의원 대표 발의 국회 본회의 통과 현황.

▶ **도시가스사업법 일부개정법률안** (일명 : 도시가스요금카드납부법) (발의 2012.07.13 / 통과 2013.12.31.) - 도시가스 사용자는 청구된 도시가스요금을 대통령령으로 정하는 도시가스요금납부 대행기관을 통하여 신용카드 직불카드 등으로 낼 수 있도록 함.

▶ **소기업 및 소상공인 지원을 취한 특별조치법** (일명 : 소상공인진흥 공단설치법)
(발의 2013.02.27 / 통과 2013.04.30.) - 소상공인 분야 유사 공공기관인 소상공인진흥원과 시장경영 진흥원을 통합하여 소상공인진흥공단을 설치함.

▶ **전통시장 및 상점가 육성을 위한 특별법** (일명 : 소상공인진흥공단 설치법 부수 법안) (발의 2013.02.27 / 통과 2013.04.30) - 소상공인진흥원과 시장경영진흥원을 통합하여 소상공인진흥공단을 설치함에 따라 시장경영진흥원을 폐지하고 관련 주문을 삭제한다.

▶ **중소기업 기술혁신 촉진법** (발의 2013.04.09. / 통과 2013.06.27.) - 중소기업의 기술력 제고를 위해 정부와 공공기관 연구개발 예

산의 일정 비율 이상을 중소기업의 기술혁신을 위하여 지원하도록 의무화한다.

▶ **외국인투자 촉진법** (발의 2013.10.15. / 통과 2014.01.01.) - 일반지주회사의 손자회사가 외국인과 공동출자법인 설립 시 「독점규제 및 공정거래에 관한 법률」에도 불구하고 외국인이 30% 이상 소유하도록 허용한다.

▶ **장애인복지법** (발의 2103.11.22. / 통과 2015.05.29.) - 장애인 학대의 정의에 성적 폭력을 명시하고 금지행위에 장애인에게 성적 수치심을 주는 성희롱·성폭력 등의 행위를 추가하여 장애인을 대상으로 하는 성적 폭력에 대해 경각심을 주고 장애인을 성적 폭력으로부터 보호한다.

▶ **중소기업진흥에 관한 법** (발의 2013.11.21. / 통과 2014.12.29.) - 경영지도사와 기술지도사의 자격 및 업무에 관한 사항 등을 시행령에서 법률로 상향 입법하고, 중소기업 지도실시기관의 출연에 관한 하위 법령의 위임

▶ **전기사업법** (발의 2014.08.28. / 통과 2015.04.30.) - 제회계기준(IFRS) 도입에 따라 「주식회사의 외부감사에 관한 법률」이 2009년 개정되면서 회계처리에 있어 대차대조표가 재무상태표로 바뀌는 등 많은 변화가 뒤따랐으나, 현행 전기사업법에서는 이러한 변화를 반영하지 못하고 있어 이를 현실에 맞게 합

리적으로 조정한다.

▶ **중소기업진흥에 관한 법** (발의 2015.02.05. / 통과 2015.12.31.)
- 경영지도사와 기술지도사의 업무 대행 범위를 명확히 하기 위하여 관계 법령을 중소기업 관계 법령으로 수정하고 구체적인 범위는 대통령으로 정함

▶ **중소기업창업 지원법** (발의 2015.09.21. / 통과 2015.12.31.)
- 입을 통한 중소기업창업투자회사 설립으로 인해 중소기업창업투자회사 또는 중소기업창업투자조합이 부실화되는 것을 방지하기 위해 자본금 요건을 보완하고 중소기업창업투자회사의 인적 기반 확대와 원활한 외국인 투자자금 유치를 위해 전문인력 육성 및 외국인 투자자금 유치 지원에 관한 근거 조항을 신설함.

▶ **석유 및 석유대체연료 사업법** (발의 2016.05.30. / 통과 2017.03.30.)
- 석유 공급원을 다변화하고, 국제 석유거래를 활성화함으로써 동북아 지역 석유거래 거점으로의 도약을 지원하기 위하여, 종합보세구역에서 석유제품 등을 혼합하여 석유제품을 제조하고, 그 제조한 석유제품을 거래하는 사업 등을 국제석유거래업으로 신설하고, 국제석유거래업을 하려는 자의 신고 및 변경 신고 등 국제석유거래업의 수행에 필요한 행정절차와 국제석유거래업자에 대하여 부과할 수 있는 행정처분 및 벌칙 등의 근거를 마련함.

▶ **동물보호법** (발의 2016.07.11. / 통과 2017.03.02.) - 다양한

동물 학대 사례가 보고된 바 있는 동물생산 업장에 대해 관리를 강화하기 위하여 신고대상인 동물생산업을 허가대상으로 전 환함.

▶ **산업집적 활성화 및 공장설립에 관한 법** (발의 2016.09.23. / 통과 2016.11.17.) - 한국자산관리공사가 입주기업체의 재무구조 개선을 지원하기 위하여 취득한 산업용지 또는 공장 등을 임대하는 경우에는 공장설립 등의 완료신고 또는 사업개시신고 없이 임대할 수 있도록 하고, 임대사업자가 불법 처분한 산업용지 또는 공장 등을 양수한 자에 대한 입주 계약 체결 금지조항을 삭제하고자 함.

▶ **국립묘지의 설치 및 운영에 관한 법** (발의 2017.01.20. / 통과 2017.09.28.) - 국립묘지에 시신이나 유골을 찾을 수 없어 영정이나 위패로 봉안된 사람의 배우자가 사망하였을 때도 위패로 봉안하거나 유골의 형태로 안장될 수 있도록 하고자 함.

▶ **고압가스 안전관리법** (발의 2017.01.20. / 통과 2017.09.28.) - 고압가스시설에 설치되는 부품, 안전설비 등의 안전성을 확보하기 위한 안전인증제도를 도입하여 고압가스로 인해 사고를 방지하려는 것.

▶ **중소기업협동조합법** (발의 2017.01.20. / 통과 2018.02.20.) - 협동조합에 대한 실태조사와 전자적인 방법을 통한 보고체계 구축 근거 마련하고 특정 임원의 장기간 연임을 방지라야 중소기

업협동조합의 건전성 제고.

▶ **송·변전설비 주변 지역의 보상 및 지원에 관한 법** (발의 2017.01.25. / 통과 2017.09.28.) - 중복 대상 지역주민에 대하여 이 법에 따른 지원을 하지 아니하도록 하는 규정을 삭제하여, 송전선로와 발전소로 인하여 피해를 보는 주민들에게 정당한 지원이 이루어질 수 있도록 하려는 것.

▶ **전통시장 및 상점가 육성을 위한 특별법** (발의 2017.06.26. / 통과 2018.07.26.) - 전통시장 시설현대화사업의 실질적이고 합리적 지원과 사업 예산의 실 집행률을 높이기 위해 시설현대화사업 우선 지원 대상 선정 요건을 현행법에 구체적으로 명시함.

▶ **전기사업법** (발의 2017.08.21. / 통과 2020.03.06.) - 전기안전관리자 미선임 등에 대한 벌금을 과태료로 전환

▶ **해수욕장의 이용 및 관리법** (발의 2017.11.12. / 통과 2018.12.07.) - 수탁자가 위탁받은 관리·운영업무를 제삼자에게 재위탁하지 못하도록 하는 금지 규정을 신설하고 위반 시 수탁자 해지 및 과태료를 부과토록 하여 해수욕장 관리·운영권의 불법 전대행위를 근절함.

▶ **수소 경제 활성화 법** (제정법안) (발의 2018.05.23. / 통과

2020.01.09.) - 탄소 경제에서 수소 경제사회로의 체계적이고 신속한 전환을 통해 더 나은 환경을 조성하여 국민 삶의 질을 향상하고, 수소를 활용한 관련 산업을 종합적으로 육성하여 국민경제가 지속해서 발전시키기 위한 것임.

▶ **공무원직장협의회의 설립·운영에 관한 법** (발의 2018.11.21. / 통과 2019.11.19.) - 공무원직장협의회에 가입할 수 있는 공무원의 범위에 경감 이하의 경찰공무원과 소방경·지방소방경 이하의 소방공무원이 포함되도록 하고, 기관장은 해당 기관의 직책 또는 업무 중 협의회에의 가입이 금지되는 직책 또는 업무를 협의회와 협의하여 지정하고 이를 공고함.

▶ **도로교통법** (발의 2019.03.20. / 통과 2019.12.10.) - 차량 정체 시 경찰공무원의 신호 또는 지시에 따라 갓길 통행이 허용될 수 있도록 규정함으로써 도로에서 차량이 원활하게 통행할 방안을 마련하고자 함.

▶ **지방세기본법** (발의 2019.10.07. / 통과 2019.12.27.) - 국립대학에서 전환된 국립대학법인이 기존 국립대학과 같은 공적 기능 및 책무를 계속 수행할 수 있도록 납세의무와 관련하여 다른 국립대학과 같이 보는 특례 신설

▶ **도로교통법** (발의 2020.06.24. / 통과 2020.09.24.) - 어린이 보호구역에서 어린이 사상 사고를 유발한 운전자에 대하여 특

별 교통안전교육을 의무적으로 받도록 함.

▶ **도로교통법** (발의 2020.06.25. / 통과 2022.12.08.) - 노인의 교통안전 제고를 위하여 노인 보호구역 지정 대상의 범위에 '시설'뿐 아니라 '장소'를 추가함.

▶ **감염병의 예방 및 관리에 관한 법** (발의 2020.08.14. / 통과 2020.12.02.) - 감염병 진료 관련 정보가 연구 등의 목적으로 활용될 수 있도록 관련 정보시스템을 구축할 필요.

▶ **병역법** (발의 2020.11.23. / 통과 2021.03.24.) - 현행법상 '향토방위'라는 표현을 현시대 상황을 반영하여 '지역방위'로 개정하려는 것.

▶ **도로교통법** (발의 2020.11.27. / 통과 2022.12.08.) - 무인 교통단속용 장비의 안정적 운영과 체계적 관리가 이루어질 수 있도록 무인 교통단속용 장비의 설치·관리기준 등을 행정안전부령으로 정하도록 위임 근거를 마련함.

▶ **육군3사관학교 설치법** (발의 2021.01.25. / 통과 2022.11.24.) - 전역한 제대군인이 육군3사관학교 입교를 희망하는 경우 「제대군인 지원에 관한 법률」상 응시연령을 상향범위를 적용해 입학연령을 상환함으로써 병역자원 및 우수인력을 확보하고자 함.

▶ **국군간호사관학교 설치법** (발의 2021.01.25. / 통과 2021.03.24.) - 전역한 제대군인이 국군간호사관학교 입교를 희망하는 경우 「제대군인 지원에 관한 법률」상 응시연령을 상향범위를 적용해 입학연령을 상환함으로써 병역자원 및 우수인력을 확보하고자 함.

▶ **사관학교 설치법** (발의 2021.01.25. / 통과 2021.03.24.) - 전역한 제대군인이 사관학교 입교를 희망하는 경우 「제대군인 지원에 관한 법률」상 응시연령을 상향범위를 적용해 입학연령을 상환함으로써 병역자원 및 우수인력을 확보하고자 함.

▶ **소상공인 보호 및 지원에 관한 법** (발의 2021.04.01. / 통과 2021.07.01.) - 감염병 확산에 따른 집합금지·영업 제한 조치로 인하여 소상공인의 경영상 심각한 손실이 발생한 경우 이에 대한 보상 근거를 신설.

▶ **군인사법** (발의 2021.04.09. / 통과 2022.11.24.) - 제대군인의 소위 임용 최고연령을 대통령령이 정하는 바에 따라 상향할 수 있도록 명시.

▶ **국민체육진흥법** (발의 2021.05.17. / 통과 2021.12.31.) - 학교 운동부, 국군체육부대에 소속된 선수, 체육지도자, 심판과 임직원의 징계에 관한 정보를 징계 정보시스템을 통해 구축·운영하도록 함.

▶ **오대산사고 본 조선왕조실록 및 의궤의 환지 본처를 위한 국립 조선왕조실록전시관 설립 촉구 결의안** (발의 2022.01.26. / 통과

2022.02.14.) - 국립기관인 조선왕조실록전시관의 설립·운영으로 오대산 사고본 조선왕조실록과 의궤가 본래 자리인 오대산으로 즉각 돌아갈 수 있도록 촉구.

▶ **고향 사랑 기부금에 관한 법** (발의 2022.09.29. / 통과 2022.12.08.) - 고향의 가치와 소중함을 일깨우는 '고향 사랑의 날'을 국가기념일로 제정함으로써, 고향을 떠난 사람들이 고향에 꾸준한 관심을 두고 지속적인 관계를 맺도록 할 수 있게 하고자 함.

▶ **지방세징수법** (일명, 전세 사기방지법) (발의 2022.10.18. / 통과 2023.02.27.)

- 임차하려는 건물의 소재지를 담당하지 아니하는 지방자치단체의 장에게도 미납지방세의 열람을 신청할 수 있도록 하고, 임차인이 임대차계약을 체결한 경우 임대차기간이 시작되는 날까지 열람신청을 할 수 있도록 하며, 임대차계약에 따른 보증금이 대통령령으로 정하는 금액을 초과하면 임대인의 동의 없이도 열람신청을 할 수 있도록 하여 미납지방세 열람제도의 실효성 제고.

▶ **지방세특례제한법** (발의 2022.10.28. / 통과 2023.02.27.) - 대한적십자사가 구호·복지사업에 직접 사용하기 위해 취득한 부동산에 대해 취득세, 재산세 감면하고 감면 규정 일몰기한 연장.

▶ **지방세법** (발의 2022.11.30. / 통과 2023.02.27.) - 과세표준상한제를 도입하여 납세자의 담세력 변동과 무관한 공시가격

급등이나 정부 정책변경에 따라 세 부담이 급증하는 것을 방지하고 주택의 세 부담 상한제는 폐지함.

▶ **병역법** (발의 2021.09.15. / 통과 2023.05.25.) - 병역판정검사를 위하여 지정된 장소로 이동 중이거나 병역판정검사 후 귀가 중에 상처를 입으면 국가의 부담으로 치료를 받을 수 있도록 하려는 것.

▶ **예술인복지법** (발의 2022.11.09. / 통과 2023.07.18.) - 예술인의 정의에서 예술 활동 확인사항을 삭제하여 예술 활동을 확인하지 않은 사람의 직업적 지위와 권리 보호를 강화하고, 예술 활동을 확인한 사람을'예술 활동 확인 예술인'으로 규정함으로써 일반적인 직업적 지위와 권리 보호에 더하여 예술 활동 활성화를 위한 각종 복지지원사업의 대상이 되도록 하려는 것임.

▶ **학교폭력 예방 및 대책법** (발의 2021.04.20. / 통과 2023.10.06.) - '사이버 학교폭력'을 별도로 정의하고, 예방 교육 및 사안 처리를 위한 지침을 교육부 장관이 마련할 수 있도록 하며, 사이버 학교폭력에 대한 실태조사와 예방 교육이 반드시 이루어지도록 하는 등 사이버 학교폭력에 대한 효과적인 예방 및 대응이 이루어지도록 하려는 것임.

KWV

5부

이채익 의원의
이모저모

“

문민정부의 시작을 열어주셨던 김영삼 전 대통령님께서는 대도무문(大道無門)을 정치좌우명으로 삼으시며 항상 바른길을 걸을 것을 강조하셨고, 거산(巨山)이라는 호처럼 대한민국 민주화운동의 큰 버팀목이셨습니다. 문민정부 출범 30주년을 맞아 그 큰 뜻을 기리는 한편 보다 나은 미래를 향해 계속해서 새 역사를 만들고 있는 국민께도 존경과 응원을 드립니다.

”

1. 제55회 대한민국 국가조찬기도회

제55회 대한민국국가조찬기도회 대회장(대한민국 국회 조찬기도회 회장 이채익 의원)으로서 서울 중구에 소재한 서울신라호텔에서 김진표 국회의장, 김기현 국민의힘 당 대표, 김대기 대통령실 비서실장 등 약 850명이 참석한 가운데 평화와 화합의 예배를 드렸습니다. 이채익 국회 조찬기도회장의 개회사에 이어 '축복의 근원, 제사장 나라'는 주제로 오정현 목사(사랑의교회) 설교와 박종순 목사님의 축도가 이어졌으며, 이영훈 목사(한국교회총연합 대표회장), 원희룡 국토부 장관, 김승겸 대장(합참의장), 장윤금 숙명여자대학교 총장의 특별기도로 진행되었습니다.

윤석열 대통령을 대신해 참석한 김대기 대통령 비서실장은 축사 대독을 통해 "지금 우리가 마주한 대내외 환경이 매우 엄중하다"라며 "글로벌 복합위기를 극복하고 새로운 나라로 도약하기 위해 정부는 최선을 다할 것"이라고 밝혔습니다. 저는 국가조찬기도회 대회장으로서 개회사를 통해 "국가조찬기도회는 지난 57년간 자유 대한민국 역사의 모든 순간을 항상 기도로 동행해 왔

다" "우리나라는 세계 10위권의 경제 강국과 세계 2위 선교 대국으로 세계의 중심에 우뚝 선 만큼 각종 전쟁과 재해로 고통받는 지구촌 이웃을 위해 적극적으로 나서야 한다"라고 당부드렸습니다.

– 제55회 대한민국국가조찬기도회 개회사

할렐루야! 안녕하십니까?

제55회 대한민국국가조찬기도회 대회장을 맡은
국회 조찬기도회 회장 이채익 장로입니다.
하나님의 크신 은혜와 영광 가운데
제55회 대한민국 국가조찬기도회가 열리게 됨을 감사합니다.

특별히 존경하는 윤석열 대통령님 내외분께서
국정에 바쁘신 가운데도 작년에 이어 올해에도
국가조찬기도회에 참석해 주셔서 깊은 감사의 말씀을 드립니다.

설교를 맡아주신 오정현 목사님,
축도를 맡아주신 박종순 목사님,
교계 원로이신 김장환, 김삼환 목사님,
한교총 대표회장 이영훈 목사님과
각 교단 총회장님과 교계 지도자께 감사드리며,

김진표 국회의장을 비롯한 여야 국회의원과 정부 관계자,
해외 국가조찬기도회 지도자를 비롯한
모든 분을 진심으로 환영하며 감사의 인사를 드립니다.

국가조찬기도회는 지난 57년간 자유 대한민국 역사의
모든 순간을 항상 기도로 동행해 왔습니다.

"기도하는 한 사람이 기도하지 않는
한 민족보다 강하다."라는 말을 기억하며,

오늘 이 아침에도 우리는 대한민국의 번영과 세계 평화를 위해 국내외 기독교인들이 모여, 하나님 앞에 마음 모아 기도를 드립니다.

오늘 우리나라는 세계 10위권의 경제 강국과
세계 2위 선교 대국으로 세계의 중심에 우뚝 서 있으며,
자랑스러운 K-문화와 함께 2030 부산세계엑스포에 도전하고 있습니다.

그러므로 우리는 더 기도해야 합니다.
사랑하는 대한민국을 위해, 그리고 전쟁과 각종 재해로
고통을 받는 지구촌 이웃들을 위해 기도해야 합니다.

우리는 대통령과 위정자를 위해 기도하고,
저출산 문제와 기후 위기 대응을 위해,
사회 갈등 치유와 통합을 위해,
하나님의 역사와 긍휼을 구하며 기도해야 합니다.
오늘 제55회 대한민국국가조찬기도회의 주제는
'하나님께서 축복하시는 대한민국'입니다.

이 주제처럼, 하나님의 자녀인 우리는 세상의 빛과 소금으로서
하나님의 사랑과 축복의 통로가 되어
대한민국과 세계를 복되게 하는 사명을 감당해야 할 것입니다.

다시 한번, 기도회를 빛내주신
윤석열 대통령 내외분께 거듭 감사의 말씀을 드리며,
함께 해주신 모든 분께 감사드립니다.

기도회의 모든 순서마다 하나님의 크신 은총이 함께하시길 원하며,
기적과 응답의 역사를 이루는 기도회가 되기를 간절히 바랍니다.
감사합니다.

- 대회장 국회 조찬기도회장 이채익 장로

2. 김영삼 전 대통령 서거 7주기 추도식

2022년 11월 22일 대한민국 민주화를 이끌어 주신 김영삼 전 대통령님의 서거 7주기를 맞아, 그 뜻을 기리며 현충원에서 거행된 추도식에 참석했습니다. 대도무문(大道無門)을 정치좌우명으로 삼으시며 항상 바른길을 걸을 것을 강조하셨던 김영삼 전 대통령께서는 거산이라는 호처럼 대한민국 민주화운동의 큰 버팀목이셨습니다. 권력의 탄압에 맞서 민주주의를 갈망하는 국민의 목소리를 항상 대변하셨고, 수많은 정치적 핍박에도 굴복하지 않음으로써 결국 대한민국 민주주의 발전에 큰 공을 세우셨음을 우리는 알고 있습니다.

또한, 금융실명제와 지방자치제실시, 공직자 재산공개제도 등 본인의 '떳떳함'과 '내려놓음'을 필요로 했던 결단을 내려 국가적인 개혁을 이뤄내신 자랑스러운 지도자셨습니다. 저는 암울했던 1980년대 신군부 시절에 처음 김영삼 대통령을 만났고, 정계에 입문하게 되었습니다. 함께 군사정권과 투쟁하고 정계 생활을 하면서 많은 것을 보고 배우며 제 정치철학을 세울 수 있었습니다. 고인은 항상 낮은 자세로 누구보다 부지런하게 민생과 소통하고 민생을 받들었습니다. 제 정치철학인 멸사봉공, 선당후사의 정신은 고인과 함께하며 제 가슴에 새긴 것입니다. 저는 문득 '김영삼 대통령이 안 계셨다면 대한민국의 민주화와 산업화 그리고 문민정부의 수립이 과연 가능했을까?'라는 생각이 듭니다.

고인은 생전 대한민국의 민주화를 위해 일생을 헌신하고 모든 것을 감내했습니다. 이제는 너무나도 당연해진 우리의 자유와 평화는 과거 누군가의 피땀으로 일구어낸 결과입니다. 서거 7주년, 사무실 한편에 놓여 있는 산행 사진을 바라보니 유난히 김영삼 전 대통령이 그립습니다. 저는 그분의 정신과 뜻처럼 낮은 자세로 겸손하게 국민을 받들어 모시고 "대한민국의 위대한 민주주의와 무궁한 발전을 위해 최선을 다해야겠다"는 다짐을 합니다.

필자는 30대 청년시절부터 당시 통일민주당(총재 김영삼) 중앙당 청년교육부장으로 재직하면서 민주화의 성취와 문민정부 탄생에 미력하나마 기여를 했기에 지금도 거산 김영삼 대통령님의 국정철학과 국민을 사랑하는 애민정신을 항상 가슴속 깊이 새기면서 오직 국민만 바라보고 철저히 낮은 자세로 국민을 섬길 것을 약속드립니다.

| 통일민주당 청년교육부장 시절 김영삼 총재와 함께 |

追 김영삼 대통령 서거 7주기 추모식 慕

국회의원
追
慕

국회의원

3. 문민정부 30주년 기념 민추협 세미나

저는 김영삼 전 대통령께서 김대중 전 대통령과 함께 출범시킨 민주화추진협의회를 통해 정치를 시작했습니다. 늘 많은 도움을 주고받는 단체였는데, 2023년 3월 15일 열린 '문민정부 30주년 기념 세미나'도 민추협과 함께 주관했습니다. 세미나에는 민주화추진협의회 권노갑, 김덕룡 이사장님, 이수성 전 국무총리님, 김영춘 전 의원님 등 민추협과 문민정부의 역할에 많은 도움을 주신 분들께서 함께하셨습니다. 1993년 2월 25일 문민정부로 불리는 김영삼 정부의 출범은 군사정치문화에서 벗어나, 우리 국민에게 본격적으로 민주화된 정부를 갖는다는 자부심을 안겨주었습니다.

문민정부의 시작을 열어주셨던 김영삼 전 대통령님께서는 대도무문(大道無門)을 정치좌우명으로 삼으시며 항상 바른길을 걸을 것을 강조하셨고, 거산(巨山)이라는 호처럼 대한민국 민주화운동의 큰 버팀목이셨습니다. 문민정부 출범 30주년을 맞아 그 큰 뜻을 기리는 한편 보다 나은 미래를 향해 계속해서 새 역사를 만들고 있는 국민께도 존경과 응원을 드립니다. 저도 그 큰 뜻을 이어받아 민주국가로서의 대한민국을 계승하고 발전시키는 데 항상 최선을 다하겠습니다. 이채익은 국정 전반의 과감한 개혁과 미래지향적인 비전을 제시하고 추진하여 선진국 진입의 기반을 만든 문민정부의 출범 30주년을 축하합니다.

문민정부 30주년 기념 세미나
민주화 30년, 문민정부 출범 30주년
일시 : 2023년 03월 15일 (수) 오전 10시 30분 장소 : 국회의원회관 제2소회의실 주최 : 김영삼민주센터 민주화추진협의회 주관 : 이채익 국회의원

4. 북핵 대응 안보세미나

2023년 5월 11일 국회도서관 소회의실에서 한기호 국방위원장과 한선재단이 주최하는 '북핵 대응과 국방혁신의 협치성' 북핵 대응 안보세미나에 참석했습니다. 북한이 2017년 6차 핵실험에 이어 최근에는 화산-31전술 핵탄두를 공개하는 등 북핵 위협이 고조되고 있는 상황에서 북핵 대응 안보세미나 개최는 매우 시의적절했습니다. 특히 북한의 핵탄두가 소형화, 경량화되고 있을 뿐 아니라 전술 핵탄두에 대한 7차 실험도 임박했다는 관측도 나오고 있습니다. 미국의 3대 싱크탱크 중 하나인 국제전략문제연구소(CSIS)에서도 한국의 전술핵 재배치를 심각하게 고려해야 한다는 주장도 제기되고 있습니다. 우리는 북한이 어떠한 도발도 감행할 수 있는 만큼, 만반의 준비를 통해 단호하게 대응해야 합니다. 평화는 강한 군사력과 안보 동맹에 의한 힘의 균형에서 나오는 만큼 우리 군의 북핵대응능력을 자세히 검토하고 북핵대응능력을 강화하는 계기가 되었으면 합니다.

북핵대응 안보 세미나
북핵 대응과 국방혁신의 합치성
2023년 5월 11일 목요일 오전 10시 국회도서관 소회의실
주최 | 한기호 의원실 / 한선재단 북핵대응연구회
발제
조성욱

5. 국회 국방위원회 전체 회의

2023년 6월 1일 국회 국방위원회 전체 회의에 참석해 국방부와 방위사업청, 병무청에 대한 현안 보고를 듣고 질의했습니다. 국방부는 북의 우주 발사체 발사 및 우리 군의 대응, 워싱턴선언, 초급간부 복무여건 개선, 군 마약류 관리 개선방안 등을, 방위사업청은 방산업계 특수성을 반영한 방위사업 계약체계 혁신, 방산 수출 확대를 위한 현장 지원형 원팀 운영 등 현안을 보고했습니다.

저는 국방부 이종섭 장관에게 문재인 정부 시기 시행한 대북 유화정책에 대해 질의했습니다. 문재인 정권 5년간 대북 유화정책으로 안보 기강이 무너지고, 한미일 관계가 훼손됐습니다. 이는 윤석열 정부가 한일 관계와 한미관계를 정상화되고 워싱턴선언이 발표되니 북한이 위기의식을 가지고 도발하는 것입니다. 강한 안보 없이는 미래가 든든한 대한민국을 만들 수 없습니다. 북한의 위성발사체 발사와 관련해서는 북한이 도발을 강행할 경우 대북 심리전 재개를 포함한 강력한 대처가 필요하다고 주문했습니다. 방위사업청에는 방탄복 감사원 감사결과 성능미달, 한화오션 출범에 따른 독과점이 없도록 함정탑재 장비와 전투체계 등을 방사청이 관급으로 관리·공급하는 방안 등을 질의했습니다.

6. 2023 연합·합동 화력격멸훈련 승진훈련장 참관

2023년 6월 15일 건군 75주년과 한미동맹 70주년을 맞이하여 국회 국방위원으로 역대 최대규모로 진행된 '강한 국군이 지키는 평화, 2023 연합·합동 화력격멸훈련'을 경기도 포천 승진훈련장에서 참관했습니다. 연합·합동 화력격멸훈련은 북한의 도발 시나리오를 적용한 실기동·실사격 훈련을 벌이며, '힘에 의한 평화' 구현을 위한 연합·합동작전 수행 능력을 점검하는 자리로, 윤석열 대통령님께서 직접 주관하셨습니다. 한·미군은 연합전력과 육해공 합동전력이 최신의 무기를 동원해 실기동·실사격 훈련을 통해 적을 응징하고 격멸하는 능력을 시연하였습니다. 한미 연합군은 연합훈련을 통해 강한 국방과 튼튼한 안보로 적이 도발할 경우 초토화의 의지를 보였습니다. 강한 국군이 평화를 지킨다는 것을 오늘 '2023 연합합동 화력격멸훈련'을 통해 확신했습니다. 우리 군이 강한 군대로 발전하는데 국방위 위원으로서 최선의 노력을 다하겠습니다.

안보! "힘에 의한 평화"
합동 화력격멸훈련

7. 한미참전용사 초청 보은과 전몰장병 추모예배

2023년 6월 18일 경기도 용인시 소재 새에덴교회에서 열린 한미참전용사 초청 보은과 전몰장병 추모예배에 참석하여 영웅들의 뜻을 기렸습니다. 영웅들의 뜻을 기리기 위해 윤석열 대통령님의 메시지를 강승규 시민사회 수석께서 대독하셨고, 소강석 새에덴교회 목사님께서 설교하셨습니다. 저는 6.25 전쟁 73주년 상기 및 한미동맹 70주년 기념 한미참전용사 초청 보은과 전몰장병 추모예배에 국회조찬기도 회장 자격으로 참석하여 추모연설을 했습니다. 올해는 6·25전쟁 73주년이면서 한미동맹 70주년을 맞이하는 뜻깊은 해입니다. 호국보훈의 달 6월이 되면 어김없이 참전용사 초청 보은행사를 개최하며 17년간 6천여 명의 참전용사와 가족들을 정성을 다해 섬겨오신 새에덴교회 소강석 목사님과 성도들의 놀라운 애국심은 우리에게 큰 감동을 주고 있습니다.

저는 국회 조찬기도회 회장으로서, 특별히 국회 국방위원회 위원으로서 국회에서 자유와 민주주의가 더욱 살아 숨 쉬는 대한민국을 만들겠습니다. 그리고 참전 영웅과 가족들에 대한 예우에 소홀함이 없도록 최선을 다하겠습니다. 뜻깊은 자리에 김진표 국회의장님, 박민식 국가보훈부 장관님, 이상일 용인 특례시장님, 김창준 미래한미재단 이사장님(전 미 연방하원의원, 배광식 목사님(대한예수교장로회 직전총회장), 폴 헨리 커닝 햄 전 미 한국참전용사회 회장님을 비롯한 많은 분께서 함께해주셨습니다. 참석해 주신 분들께 국회 조찬기도회 회장으로서 깊은 존경과 감사를 전합니다.

– 한미참전용사 초청 예배 축사

할렐루야! 반갑습니다.
국회 조찬기도회 회장 이채익 장로입니다.

새에덴교회에 초청받으신 한국과
미국의 참전용사와 가족 여러분!
한국교회 지도자이신 소강석 목사님과 새에덴교회 성도 여러분!
120여 명의 국회 기독인 국회의원을 대표하여
존경과 감사의 인사를 드립니다.

올해는 6.25 전쟁 73주년이면서
한미동맹 70주년을 맞이하는 뜻깊은 해입니다.
호국보훈의 달 6월이 되면 어김없이
참전용사 초청 보은행사를 개최하며
17년간 6천여 명의 참전용사와 가족들을 정성을 다해 섬겨오신
새에덴교회 소강석 목사님과 성도들의 놀라운 애국심은
큰 감동을 주고 있습니다.

오늘 이 자리에는 자유 대한민국의 진정한 영웅들이 계십니다.

한국과 미국의 참전용사와 가족들은
피로 맺은 한미동맹의 산증인이며
영원한 영웅이십니다.

한미참전용사들의 고귀한 희생으로 지켜낸 자유,
그 헌신 위에 세워진 대한민국은 1천2백만 성도, 6만 5천 교회,
미국 다음의 기독교 선교 2위 국가라는 영적 축복을 받았으며,
경제, 문화, 국방, 교육 등 각 분야에서
경이로운 발전을 이루게 되었습니다.
우리 하나님께 영광을 돌리고,
참전용사와 가족들에게 경의를 표합니다.

세에덴교회가 지난 17년간 호국보훈과 한미동맹과
민간 외교의 퍼스트 무버(First Mover)가 되어
국내는 물론 미국과 해외까지 애국하는 교회, 감사와 보은을
실천하는 교회로 알려진 것은 한국교회의 자랑이요 표상입니다.

다시 한번, 참전용사 초청 보은행사를 주최하시는
소강석 목사님과 성도 여러분께 감사드리며,
70여 년 만에 뜨거운 전우애를 나누시는
한국과 미국의 참전용사들께
존경의 말씀을 올립니다.

저는 국회 조찬기도회 회장으로서, 특별히 국회 국방위원회 위원으로서

국회에서 자유와 민주주의가 더욱 살아 숨 쉬는 대한민국을 만들어가겠습니다.

그리고 참전 영웅과 가족들에 대한 예우에 소홀함이 없도록 최선을 다하겠습니다.

하나님의 크신 축복이 참전용사와 가족, 새에덴교회에 함께하시길 기원합니다.

감사합니다.

KWV

한·미
eciation Event
moration of the
국회 120여 명의 기독 국회의원을 대표하여 존경과 감사의 인사를 드립니다.
on behalf of more than 120 Christian members of the National Assembly,
I would like to express my respect and gratitude.
제73주년 6.25전쟁 상기 및 한미동맹 70주년·기념
한·미 참전용사 초청 보은과 전몰장병 추모예배

8. 불체포특권 내려놓기 서약에 동참했습니다

저는 2023년 6월 21일 오후 국회에서 헌법 제44조에 규정된 국회의원 불체포특권을 포기하는 서약서에 동의하는 서명을 하였습니다. 지난 3월 국민의힘 소속 동료의원들이 불체포특권을 포기하자는 대국민 서약을 제안하면서 특권 내려놓기가 시작된 바 있습니다. 어제 김기현 당 대표께서도 이재명 민주당 대표의 '불체포특권 포기' 선언과 관련해 여러 차례 국민 앞에서 약속해 놓고 손바닥 뒤집듯 어겼다고 강하게 비판하고, 모든 국회의원이 앞으로 서약하자고 교섭단체 대표연설에서 말씀한 바 있습니다. 저를 포함한 국민의힘 의원들은 국민 앞에 특권 내려놓기 실천 서명을 함으로써 말로만이 아닌 행동하고 약속을 실천하는 국민의힘이 되겠습니다.

국회

국회

9. 故 채수근 상병의 순직을 진심으로 애도합니다

故 채수근 상병의 순직을 진심으로 애도합니다. 저는 2023년 7월 20일 안대룡 시의원, 이지현 구의원과 함께 지난 20일 호우로 인한 실종자 수색 중 급류에 휩쓸려 순직한 故 채수근 상병의 빈소에 찾아 유가족분들과 전우를 잃은 해병대 장병들께 위로의 말씀을 전했습니다. 어려움에 부닥친 국민을 위해 헌신한 고 채수근 상병의 군인정신과 희생정신은 모든 국민의 가슴에 영원토록 살아 숨 쉴 것입니다. 아울러, 정부와 함께 안타까운 사고가 발생한 원인을 철저히 규명해 다시는 이런 비극적인 일이 발생하지 않도록 하겠습니다. 소방관의 아들로 태어나 국가와 국민을 지키고자 유명을 달리한 故 채수근 상병의 숭고한 희생을 오래도록 기억하겠습니다. 다시 한번 고인의 명복을 빕니다.

10. 제55회 극동포럼

2023년 9월 17일 저녁 국회 조찬기도회장 자격으로 극동방송이 주최하는 '극동포럼 제55차 포럼회원모임'에 참석하여 반기문 전 UN 사무총장님 초청 강연에 앞서 개회 기도를 드렸습니다. 초청해주신 김장환 목사님과 정연훈 극동포럼 회장님께 깊이 감사드립니다. 반기문 총장님은 세계기후위기와 온난화의 심각성에 대하여 깊이 있는 말씀을 주셨습니다. 저도 국회에서 지속 가능한 개발 방향과 탄소 중립 실현을 위하여 최선을 다하겠습니다.

- 기도문 -

나라의 흥망성쇠를 주관하시는 하나님!세계 어느 곳에서도 찾아볼 수 없는 눈부신 경제성장과 선교 대국으로
이 나라를 굳건히 세워주심을 감사합니다.

해를 거듭할수록 세계의 기후변화는 점점 심각한 상황에 이르고 있으며
하나님이 주신 자연환경을 지키지 못하고 훼손하는 일로 이상기후가 발생하여
수많은 인명피해와 소중한 재산을 잃어버리는 경우가 많습니다.

이번 55회 극동포럼을 통해 하나님이 주신 자연을 보호하고
기후변화에 대한 대안을 제시하고 극동방송이 앞서 기도하고
한국교회가 주도하는 자연보호의 가치를 그 어느 때보다도
굳건히 하는 계기가 되게 하옵소서.

이 시간, 지구촌의 평화 유지와 전쟁 방지, 국제협력 활동을 10년간 해온
반기문 전 UN사무총장님을 강사로 세워주심에 감사드립니다.
축적된 풍부한 경험을 이 시간 함께 나누며
지혜와 혜안을 얻는 시간이 되게 해주시고
나라를 위해 기도하는 특별한 시간이 되게 해주시옵소서.

또한, 극동포럼을 주관하는 극동방송 이사장이신
김장환 목사님의 영육 간에 강건함을 지켜주시고 임직원들을 축복하시며,
극동방송이 전하는 복음을 통해 기독교적 세계관의 지평을 열어가는
극동방송이 되게 해주시옵소서.

오늘 이 자리에 참석한 모든 분이 하나님의 뜻을 발견하는
귀한 시간이 되게 하옵소서. 예수님의 이름으로 기도합니다.

아멘.

제55회 극동포럼
THE 55TH FAR EAST FORUM SEOUL
祝 반기문 총장님

11. 한국인보다 한국을 더 사랑한 대한미국인

저는 2023년 11월 12일 부산창작오페라단 이인환 이사장님의 초대로 부산문화회관에서 열린 2030 세계박람회 부산유치기원 및 한미동맹 70주년 기념 오페라 푸른 눈의 선한 사마리아 사람 '리처드 위트컴 장군 오페라 갈라 추모음악회'에 다녀왔습니다. 리처드 위트컴 장군은 한국전쟁 당시 미군 제2군수사령관으로 장군 계급으로서는 한국전 참전국 용사 중 유일하게 부산 유엔평화공원에 안장된 군인입니다.

1953년 11월 부산역 화재로 이재민 3만여 명이 발생하자 상부 승인 절차를 생략하고 군수 창고를 열어 텐트와 식량을 나눠줬고, 이후 이를 문제 삼아 열린 청문회에서 "전쟁은 총칼로 이기는 게 아니라, 그 나라 국민을 도와주는 게 진정한 승리다"라는 명언을 남겼습니다.

또 부산대 캠퍼스 부지 50만 평을 확보해 공사를 지원하고, 부산 메리놀 병원 등 의료기관 건립에도 힘썼고, 퇴역 뒤 한국에 남아 전쟁고아를 돕고 미군 유해를 발굴하는 데 노력해 '전쟁고아의 아버지' '한국인보다 한국을 더 사랑한 대한미국인'이라고 불립니다. 리처드 위트컴 장군을 한국에 대한 사랑과 인류애를 기리기 위해 추모음악회가 열렸다는 점이 매우 뜻깊게 여겨집니다. 리처드 위트컴 장군을 오래도록 기억하겠습니다.

BSCC PROGRAM
2023 하반기 기획 프로그램
부산문화회관
부산시민회관

12. 최초의 조선통신사
학성 이씨 이예 선생의 후손들

조선을 대표하는 외교관은 학성 이씨 이예 선생입니다. 이예 선생이 조선을 대표하는 외교관이었다면 20세기에는 그의 피를 물려받은 이후락 대통령 비서실장은 박정희 정부 시절 주일 대사와 중앙정보부장, 울산에서 국회의원까지 지냈습니다. 21세기는 제가 이예 선생의 피를 이어 대한민국 '최고의 일꾼' 국회의원이 되고자 합니다. 국민께서 제게 국회의원을 3번이나 허락한 것은 오직 나라를 위해서 희생하고 봉사하라는 뜻이라고 생각합니다. 그 뜻 높게 받들겠습니다. 아래 내용은 언론에 나온 이예 선생님 기사라서 소개합니다.

'1373년 경상남도 울산군의 아전 집안에서 태어난 이예는 울산 관아의 중인이었다. 그러나 그의 나이, 8살 때 왜구에 의해 어머니를 납치당한 이후 평생 어머니를 찾아다닌 이예는 고려 말부터 횡행한 왜구로 인한 백성의 고통을 뼈저리게 느끼고 있었고, 신분 질서가 엄격했던 조선 시대, 중인 신분을 벗어나는 드문 기회를 맞게 되면서 백성을 위한 그의 노력과 바램은 빛을 발하게 된다. 1396년 12월, 당시 아전 신분이었던 이예는 왜구에게 붙잡혀간 군수를 구하기 위해 포로를 자청하여 대마도까지 따라갔고, 인질의 몸으로 억류돼있는 동안에도 일본 군사에게 일본어를 배

워가며 군수 석방을 위해 끈질기게 설득을 계속하자, 그의 충절과 노력과 감탄한 왜구가 군수를 죽이지 않고, 대마도에서 풀어 주었고 조정에서 이예의 충성심을 가상히 여겨 신분을 올려주고 벼슬을 하사한 것이다. 그렇게 군수를 구하겠다는 신념으로 목숨을 걸고 왜구의 배에 올라탄 일이 계기가 되어 관직에 나가게 된 이예는 태종이 즉위하자 정식으로 사절단 관리에 임명됐다.

1401년 정식 외교사절로 처음 일본에 파견된 후 40여 년간 40여 차례나 일본을 오간 이예는 전문지식과 유창한 외국어 능력, 겸손하지만 탁월한 협상력을 겸비한 외교관으로 사신으로 임명된 첫해, 일기도에 가서 조선인 포로 50명을 송환시키는 데 기여했고, 1410년까지 해마다 일본을 왕래하며 500여 명, 1416년 40여 명 등 15차례에 걸쳐 667명의 조선인을 귀환시키는 등 큰 공을 세웠다. 그래서 조선 시대 일본으로 보내는 사신을 뜻하던 '통신사'란 명칭을 최초로 사용한 세종 10년(1428년)에도 일본에 파견돼 '최초의 조선통신사'가 되는 영광을 안은 이예는 1422년과 1424년, 1429년, 1433년에는 일본의 국왕을 직접 만나 일본인의 해적 활동을 억제하기도 했다.

왜구에게 잡혀간 어머니를 찾겠다는 개인적인 동기에 조선의 백성을 보호하려는 마음이 더해져 일기도와 대마도의 정세, 병세, 일본 선박이나 문물의 장점, 문인제도, 대일 통교 정책까지 일본을 공부하고 또 공부한 이예는 일본의 왕과 대면하기에 부족함이 없는 조선 최고의 일본 전문가였다. 그렇게 조선 전기의 대일외교를

주도했던 이예는 1443년(세종 25년), 조일 통교 체계의 근간을 이루는 계해약조를 체결의 주역이 된다. 대마도주와 무역에 관해 맺은 조약인 '계해약조'는 대마도의 세견선을 매년 50선으로 한정하고, 조선으로의 도항선은 문인(도항 허가증)을 의무적으로 받도록 명시함으로써 조선 초 대일관계 안정화에 기여했다. 또한, 이예는 왜인의 체류와 입국 허용 조건 등을 지속적으로 협상해 나감으로써 대마도 중심의 대일 통교 체제 수립을 주도했다. 이로써 울산을 비롯한 남해안 일대와 유구, 대마도 등지는 평화로워졌고, 조선은 국방의 큰 고민거리인 왜구를 효과적으로 통제할 수 있었다.

그러나 자고로 외교란 교류하는 것. 일본을 오가며 일본의 문화를 눈여겨본 이예는 일본의 자전 물레방아와 사탕수수 도입을 건

ㅣ 우석(又石) 이후락 대통령 비서실장과 함께(1993년) ㅣ

의하고, 우리의 대장경 및 불경 보급을 통한 불교문화와 인쇄문화의 일본 전파를 위해 노력하는 등 문화 외교에도 앞장서 일본 쓰시마 시 미네쪼의 원통사에는 이예의 공덕비가 세워지기에 이르렀다. 세종대왕 또한 이예를 아껴 손수 갓과 신을 하사하고, 1443년에는 70대의 노구를 이끌고 짧아도 3개월, 길면 6개월 이상이 걸리는 대마도행에 나서는 이예의 건강을 걱정했는데, 이예는 국민을 보호하고 국익을 도모하는 일이라면 끝까지 최선을 다하는 외교관의 본분을 다하기 위해 자청해서 사행을 떠났고, 포로 7명을 데려옴으로써 마지막 임무를 마쳤다.

그리고 2년 후인 1445년 생을 마감했는데, 외교관이 어떠한 자질을 갖추어야 하는지에 대한 관심이 높아지는 요즘. 현해탄을 건너 험지로 뛰어들어 행동한 외교관, 이예의 일생과 업적은 시사하는 바가 크다.'(출처; KBS WORLD)

1. 2023년 1월 1일 새해맞이 행사와 현충탑 참배

2023년 1월 1일 국민의힘 울산 남구갑 당협 시, 구의원들과 장생포 고래 문화마을에서 힘차게 떠오르는 새해를 맞이했습니다. 저는 지난 남구청장 재임 시절부터 고래박물관과 문화창고 건립추진, 올해 장생포 지능형 관광도시 선정 등 장생포의 발전을 위해 큰 노력을 해왔기에 이곳에서 바라보는 새해는 특별했습니다. 저는 올해부터 국회 상임위원장이란 중임을 내려놓고 문화도시 울산, 살기 좋은 울산을 만들기 위해 국회 일꾼이 되어 더욱 온 힘을 다하겠습니다. 이채익은 울산이 힘차게 떠오르는 태양처럼 도시의 위상이 더욱 높아질 수 있도록 울산을 위해 더욱 헌신하겠습니다.

그리고 장생포 해돋이 행사 후 당협 시, 구의원님들과 울산대공원 현충탑을 찾아 순국선열과 호국영령께 참배를 드리고 국가발전을 위해 변함없이 헌신할 것을 다짐했습니다. 저는 작년 고 박상진 의사의 독립운동가 서훈 승격 추진과 지난 10월 대정부질의에서 국가보훈처의 부 승격과 관련하여 강력하게 건의하여 승격을 끌어내는 등 국가를 위해 헌신해주신 분들을 평소 존경하고 그분들을 위한 정책과 지원에 대해 국회에서 앞장서서 챙기려고 노력해왔습니다. 저는 국가를 위해 모든 것을 다 바치신 분들은 국가가 책임지고 챙기는 것이 마땅하며 그분들을 존경하고 배려하려는 사회적 인식과 문화가 확산해야 한다 생각합니다. 국가를 위해 헌신하신 모든 분께 진심으로 감사드립니다.

2. 울산 산재 전문 공공병원 건립 착공식

2023년 3월 29일 산업수도 울산에 산재 전문 공공병원 착공식이 열렸습니다. 울산은 17개 시도 중 유일하게 공공병원이 없으며, 의료취약계층 및 국가재난 대비한 공공보건의료 인프라 확충이 매우 절실한 실정입니다. 이런 울산시민들의 간절함이 산재 전문 공공병원 유치를 이뤄냈고, 2019년 국가균형발전 프로젝트 예타면제사업에 선정되면서 오늘 이 공사를 시작하는 첫 삽을 올리게 되었습니다.

산재 전문 병원이 완공되면 산재 환자들에게 전문 재활치료를 적기에 제공하고 이와 더불어 지역주민들을 위한 공공의료 서비스도 충실하게 제공될 것입니다. 산재병원이 차질 없이 적기에 완공될 수 있도록 적극적으로 노력하겠습니다. 또한, 착공식에 참석한 이정식 고용노동부 장관께 남구 두왕동 테크노산단에 위치한 한국폴리텍대학 석유화학 공정기술교육원 기숙사와 식당 건립 필요성을 설명하고 건의를 하였습니다.

COMWEL WELCOME
울산 산재전문 공공병원 착공식

2023. 3. 29.(수) 14:30
울산 산재전문 공공병원 착공식
주관 고용노동부 근로복지공단
울산광역시 울주군

2023. 3. 29.(수) 14:30
산재전문 공

울산 산재전문 공공병원 착공식
울산 산재전문 공공병원

3. 영웅, 故 김도현 중령을 영원히 기억할 것입니다

2023년 5월 4일 故 김도현 중령의 모교인 울산 제일중학교, 학성고등학교 학생들과 많은 시민이 참석한 가운데 추모식이 진행되었습니다. 故 김도현 중령은 2006년 5월 5일 공군 수원 비행장에서 어린이날을 맞아 블랙이글스의 에어쇼에서 각종 비행을 선보이다 기계 고장으로 추락해 현장에서 순직한 공군입니다. 당시 탈출을 강행할 수 있는 충분한 시간이 있었음에도 1천 명의 아이들과 수천 명 관객의 목숨을 지키기 위해 끝까지 조종간을 잡고 관객석을 피해 활주로로 추락을 시도한 것입니다. 비상탈출을 포기하고 마지막 순간까지 조종간을 놓지 않고 대형참사를 막은 고인의 숭고한 희생을 우리는 영원히 기억할 것입니다.

4. 세계적인 목회자, 울산출신 조용기 목사님을~

저는 2023년 6월 5일 조용기 목사님 생가 보존과 관련하여 울산시 안효대 경제부시장으로부터 업무보고를 받았습니다. 조 목사님 생가 부지가 KTX울산역 역세권 개발사업에 포함되면서 보존 여부를 두고 어려움을 겪고 있었습니다.

조 목사님은 세계적으로 존경받는 영적 지도자이고 울산의 큰 자산입니다. 울산 출신인 조 목사님의 생가를 보존하는 것은 역사와 문화적 차원에서 보존 가치가 매우 큽니다. 한국교회의 부흥과 세계 교회 성장을 주도하며 개신교 선교 역사에 한 획을 그은, 내 고향 신앙의 큰 바위 얼굴인 조 목사님의 위대한 업적을 울산이 기려야 합니다. 저도 앞장서 울산시와 교계 관계자분들과 긴밀히 협의해 역세권개발 차질을 최소화하면서 조용기 목사님을 기릴 방안을 마련하겠습니다.

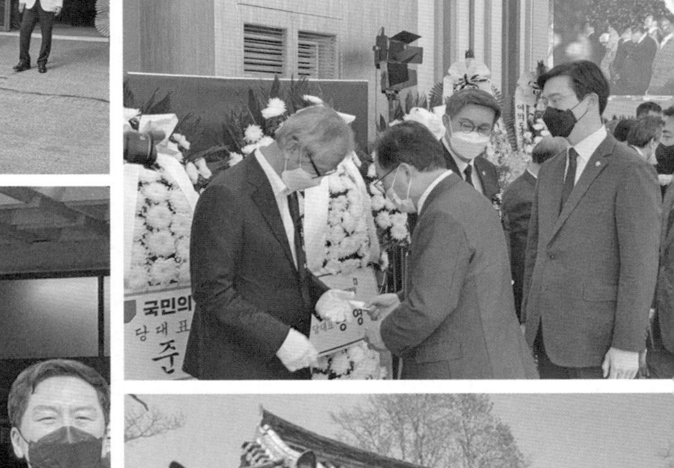

| 울산광역시 울주군에 위치한 조용기 목사 생

5. 차별금지법 바로 알기 세미나

2021년 7월 4일 대한예수교장로회 기독청장년면려회(CE) 울산노회 연합회 김호일 회장께서 차별금지법 바로 알기 세미나를 개최하셨습니다. 저는 격려사를 통해 차별금지법의 독소조항과 문제점에 대하여 반대의견을 분명히 말씀드렸습니다. 최근 국회에는 여당 의원을 통해 발의된 법률안은 "평등에 관한 법률안" 제목으로 차별금지법을 발의했습니다. '평등에 관한 법률안'의 문제점은 '차별금지' '평등'이라는 이름을 내세워 보편적 평등을 추구하는 법안이라고 그들은 주장하고 있습니다.

이 법은 국회에서 15년 동안 7차례나 발의됐다가 문제점이 나타나고 반대가 심해 폐기됐던 법안입니다. 이번 21대 국회에서도 어떻게든 통과시켜보고자 '포괄적 차별금지법' '평등법'이라 명칭을 바꾼 상태에서 추진하고 있습니다. 그들이 추진하는 '성소수자 보호법'으로 인해 정상적이고 평범한 삶을 살아가는 다수의 사람이 역차별받게 될 우려가 상당하다고 봅니다.

이 법에 대해서는 충분한 숙의 과정과 국민적 합의가 전제되어야지 다수결의 힘으로 처리해서는 절대 안 됩니다. 현재도 장애인 연령 남녀 근로 형태 등과 관련해 20개가 넘는 개별적 차별금지법이 존재하고 있습니다. 포괄적 차별금지법을 평등이라는 이름으로 포장해서 어물쩍 끼워 넣고, 찬성 여론을 조장하고 선동하는 것은 모두를 위해서도 자제 되어야 합니다. 거짓은 절대 덮

어지지 않습니다. 진실로 바로잡아야 합니다. 그것이야말로 국회의원의 정당한 책임이자 의무일 것입니다. 거듭 말씀드리지만, 개별적 법안으로 차별을 금지할 수 있음에도 포괄적으로 차별금지를 법으로 입법하는 데는 많은 문제점이 있음을 지적합니다.

6. 국민의힘 울산시당위원장으로 선출되었습니다

2023년 7월 10일 오전 10시 제1차 시당 운영위원회에서 국민의힘 울산시당위원장으로 선출되었습니다. 지난 1년 6개월여 동안 윤석열 정부의 성공과 울산의 발전을 위해 애써주신 권명호 전 시당위원장의 노고에 깊이 감사드립니다. 2022년 국민의힘 울산시당 중심으로 울산 정치권이 하나로 똘똘 뭉쳐 윤석열 정부 탄생에 큰 역할을 했고, 8대 지방선거에서도 울산시민의 압도적인 성원과 지지를 보내주셨습니다.

또한, 울산 출신 최초로 집권 여당 김기현 당 대표를 배출하는데, 큰 역할을 했습니다. 저는 국민의힘 울산시당위원장을 맡음과 동시에 문재인 정권에서 만든 비정상국가를 정상화하기 위해 노력하며, 울산시당이 대통령의 국정철학과 당 대표의 방침을 잘 이행해 내년 총선에서 울산의 국회의원 6석을 탈환하는데, 온 힘을 다하겠습니다. 저는 국민의힘 울산시당 위원장으로서 7가지의 목표에 중점을 두고 운영하고자 합니다. 첫째, 당원 배가운동을 통해 당원 확대에 최선의 노력을 다하겠습니다. 둘째, 20•30•40 청년층의 지지층 확대를 위해 노력하겠습니다. 셋째, 울산광역시와의 당정회의를 활성화해 민정을 최우선으로 삼겠습니다. 넷째, 선출직 당직자들의 역량 강화를 위해 워크숍을 정기적으로 개최하겠습니다. 다섯째, 선출직 공직자들의 도덕적 해이가 발생하지 않도록 노력하겠습니다. 여섯째, 현장 의정활동 강

화를 통해서 시민들의 편의를 최대한 도모하겠습니다. 일곱 번째, 인구 유출, 저출산 위기, 울산경제 살리기 등에 대응하기 위한 각종 특위를 결성하겠습니다. 부족한 저에게 울산시당위원장이라는 큰 역할을 맡겨 주신 당원의 믿음과 성원에 보답할 수 있도록 언제나 최선을 다하겠습니다. 22대 총선 승리로 여러분의 성원에 보답하겠습니다.

7. 울산 항일운동기념탑 참배

저는 2023년 8월 15일 제78주년 광복절을 맞아 울산 항일운동기념탑을 참배하고 광복절 경축식에 참석했습니다. 조국의 독립을 위해 헌신하고 희생하신 순국선열과 애국지사, 그리고 그 가족분들께 깊은 감사와 경의를 표합니다. 국가를 위해 헌신한 여러분께 존경과 예우를 다하는 나라, 자유와 인권, 법치, 자유민주주의를 추구하며 공정과 상식이 바로 서는 대한민국을 만들기 위해 최선을 다하겠습니다.

지금 대한민국은 새로운 미래를 향한 힘찬 도약을 준비하고 있고, 78년 전 조국의 광복을 이뤄냈던 불굴의 의지와 하나 된 마음이 다시 한번 필요합니다. 우리 사회에 팽배해 있는 양극화와 갈등을 해소하고, 분열된 국민을 하나로 모아 78년 전 감격과 희망을 다시 한번 대한민국의 미래에 전할 수 있도록 함께 힘을 모아야 합니다. 저 역시 제 역할에 성실히 수행하며 대한민국을 위해 헌신하겠습니다.

8. 울산 도시철도(트램) 1호선 건설 주민설명회

2023년 8월 30일 오후 2시 울산박물관 강당에서 울산시민들과 김두겸 울산시장님, 안수일·이장걸·안대룡 시의원, 이정훈 남구의회 의장, 이지현·이소영 구의원, 박순철 울산시 교통국장 등 500여 명이 참석한 가운데 울산 도시철도(트램) 1호선 건설 주민설명회를 했습니다. 설명회는 지난 23일 울산시민의 숙원인 울산 트램 1호선 건설사업이 기획재정부의 타당성 재조사를 통과함에 따라 시민들에게 트램에 대한 이해도를 높이고 궁금증을 해소하기 위해 마련됐습니다.

트램 1호선 건설사업이 타당성 재조사를 통과된 데는 김두겸 울산시장님을 필두로 국비 확보를 위해 행정력을 전력투구하고, 김기현 당 대표님과 지역 국회의원의 전폭적 지원, 그리고 시민들의 간절한 열망에 힘입어 가능한 일이었습니다. 이번 사업은 울산에 수소를 동력원으로 하는 도시철도 1호선을 건설하는 것으로, 남구 태화강역~신복로터리 10.99㎞ 구간에 도심을 따라 15개 정거장이 설치될 예정입니다. 특히 수소 전기로 운행하는 트램이 설치되는 것은 세계 최초입니다. 울산 트램 1호선 건설사업 추진으로 인해 울산은 철도 중심의 대중교통 시대가 열리게 됐습니다. 트램 도입으로 도심 상권 활성화와 정주 여건 개선은 물론, 시민들에게 쾌적하고 안전한 대중교통 서비스를 제공할 수 있을 것으로 기대됩니다. 설명회를 통해 시민들에게 다소 생소했던 트램에 대한 궁금증이 조금이나마 해소되길 바라며, 시민들이 주신 다양한 의견을 수렴하여 사업에 대해 불편함이 최소화될 수 있도록 노력하겠습니다. 다시 한번, 울산광역시 트램 1호선 건설 주민설명회 참석을 위해 귀한 발걸음을 주신 울산시민들과 김두겸 울산시장님, 그리고 시 관계자 여러분 참석에 깊이 감사드립니다.

산의 혁신!
산의 수소전기트램
래가 바뀐다
울산 트램 1호선 건설 주민설명회
·주최 | 국회의원 이채익 ·일시 | 2023. 8. 30(수) 14:00 ·장소 | 울산박물관 강당
경제

울산이 세계 최초 수소전기트램 달린다!
울산 트램 1호선 주민설명회

울산 트램 1호선 건설 주민설명회

울산 트램 1호선 건설 주민
안수일
이장걸
안대룡

9. 양성평등주간 기념식 참석

저는 8월 31일 울산시청에서 열린 2023 양성평등주간 기념식에 참석했습니다.

지난 3월 8일 제115주년을 맞은 세계 여성의 날의 주제는 '공정을 포용하라'였습니다. 기회와 자원의 공정한 배분이 진정한 평등을 이끌 수 있으며, 이는 여성의 사회참여 확대에도 더 많은 관심으로 세심히 살펴보라는 뜻으로 해석되기도 합니다.

진정한 양성평등 실현을 위해 정책과 제도개선은 물론 양성평등에 대한 사회적 공감대가 형성되고, 안착할 수 있도록 여성의 권익 신장과 사회적 약자 지원을 위해 최선을 다하겠습니다. 시민들의 목소리에 귀 기울여 울산에서 여성의 역할이 정치, 경제, 사회 등 더욱 다양한 분야에서 확대되어 공정한 기회를 보장하는 지역사회를 만들겠습니다.

새로 만드는 위대한 울산

2023년
성평등주간 기
2023. 8. 31.(목) 대강당
울산광역시

10. 국민의힘 울산 남구갑 당원 교육 성료

2023년 9월 12일 오후 2시 울산 제일새마을금고 본점 3층 강당에서 '국민의힘 울산 남구갑 당원 교육'을 진행했습니다. 이 자리에는 안수일·이장걸·안대룡 시의원, 이정훈 남구의회 의장, 이지현·이소영 구의원 김상환 국민의힘 울산 남구갑 청년위원회 위원장을 비롯한 주요 당직자와 신정4동, 옥동 당원 300여 명이 귀한 방문을 하셨습니다. 임정식 한국자유총연맹 울산시지부 부회장님의 '한국 정당의 과거, 현재, 그리고' 주제 강의에 이어 제가 '당원의 힘으로 총선 승리 앞으로! 대한민국과 울산의 미래' 주제 특강을 진행했습니다.

그뿐 아니라 그동안 국민의힘 울산 남구갑 당원협의회를 위해 헌신하고 봉사해 주신 당원에 대한 고마운 마음을 담아 국민의힘 당 대표 표창과 국민의힘 울산시당위원장 표창장 수여도 진행되는 등 3일간의 당원 교육이 성황리에 잘 마무리될 수 있었습니다. 존경하는 주민, 당원 여러분 국민의힘 남구갑 당원협의회의 이번 2023년 당원 교육은 사흘에 걸쳐 진행되었습니다. 권역별로 나눠 당원 교육을 진행한 것은 조금이라도 더 많은 당원을 만나고, 국민의힘이 추구하는 가치와 내년 총선의 중요함을 전해드리고 싶었던 간절한 마음이었습니다. 지난 사흘 동안 진행된 당원 교육에 보내주신 많은 관심과 성원에 진심으로 감사드립니다. 저와 국민의힘은 주민과 당원 여러분께서 보내주신 성원에 보답하기 위해 더욱 최선을 다해 대한민국과 울산을 위해 헌신하겠습니다.

11. 대선 공작 대국민 진상 보고 및 규탄대회 1인시위

2023년 9월 17일 신복로터리, 울산대공원, 공업 로터리, 신정시장, 태화 로터리에서 대선 공작을 규탄하는 1인 시위를 진행하였습니다. 대선 사흘을 앞두고 화천대유 대주주 김만배와 신학림 전) 언론노조 위원장이 당시 국민의힘 윤석열 후보를 음해하고자 특정 언론에 허위 인터뷰를 하였습니다.

당시 이재명 후보를 당선시키고자 자행한 심각한 국기문란이자 선거 농단 사건이며 반민주주의 범죄사건입니다. 자신들만의 목적 달성을 위해 가짜뉴스로 국민을 속이고, 자유민주주의 근간을 뒤흔드는 파괴 세력들을 철저히 밝혀내 진상을 규명하고 발본색원해야 할 것입니다. 저 또한 국민의 한 사람으로서 국민의힘의 국회의원으로서 끝까지 저들과 싸워 자유민주주의 대한민국을 지켜낼 것입니다.

조작뉴스
대선공작
민주당은
할말없나?
국민의힘
VIVIEN
이채익

12. 택시기사로 변신한 이채익 의원

저는 시간이 허락하는 대로 해마다 추석이면 하루 동안 택시 운전을 하면서 택시종사자와 시민과 이야기를 나누는 민생탐방을 합니다. 택시 운수 종사자의 현실과 애로사항을 듣고, 시민들과 대화하면서 소통의 기회를 마련하기 위해 하루 동안 택시회사에 배속돼 직접 택시를 몰며 민생현장의 목소리와 애로사항을 듣습니다. 시민들과 격의 없이 주고받는 대화를 통해 현장에 답이 있고, 피부에 와 닿는 정책개발이 절실하다는 생각을 합니다.

앞으로도 국회 의정활동에 지장 없는 범위 내에서 시민들과 진솔한 이야기를 지속으로 나눌 계획입니다. 짧은 시간이지만 택시 운수 종사자의 열악한 근무환경과 민심을 이해하는데 소중한 시간이었습니다. 택시업계의 애로사항을 타개하기 위한 바람직한 법안 개정 등 실질적인 정책개발이 어느 때보다 절실한 실정입니다. 저는 2012년 총선 이후 택시 운전 자격증명을 취득한 바 있습니다.

13. 현대자동차 울산 EV 전용공장 기공식

2023년 11월 13일 현대자동차 울산 EV 전용공장 기공식에 참석했습니다. 바쁘신 중에도 기공식까지 애쓰신 현대자동차그룹 정의선 회장님과 현대자동차 장재훈 사장님을 비롯한 관계자 여러분께 깊은 감사를 드립니다. 현대자동차 울산공장은 1967년 설립된 이래로 대한민국과 울산의 산업화, 경제발전을 견인해 오고 있으며, 현재도 수소연료 전기차 분야에서 세계 최고의 기술력을 자랑하는 등 세계자동차 시장을 선도하고 있습니다.

오늘 첫 삽을 뜨게 되는 현대자동차 울산 EV 전용공장은 약 2조 원의 사업비를 들여 7만 1,000평의 건축면적에 2025년 완공될 예정입니다. 전기차 전용 신공장 완공 시 2천 명 이상의 새 일자리가 생기고, 관련 기업들도 신규로 들어서며, 향후 울산의 인구에도 긍정적인 영향을 할 것으로 기대됩니다. 세계 초일류 기업이자 지역경제의 버팀목인 현대자동차와 대한민국 산업의 심장인 울산광역시의 협력의 결과인 '전기차 전용공장' 신설로 울산이 '세계적인 미래 차 선도도시'로 발돋움하고 일자리 창출과 함께 지역 경제 활성화에도 크게 기여되기를 바랍니다.

미래 자동차 시장은 전기차를 필두로 한 친환경 자동차가 주도해 나갈 것이라 예상합니다. 이에 정부도 현대자동차 공장이 있는 울산을 이차전지 국가전략 첨단산업 특화단지로 선정하는 등 세계시장을 주도해 나가기 위한 준비에 박차를 가하고 있습니다. 대한민국이 다시 한번 세계자동차 시장을 주도해 나가기 위해서는 정부와 기업의 협력과 소통이 무엇보다 중요할 것입니다. 저 또한 정부와 기업 간의 가교 구실을 할 수 있도록 최선을 다해 나가겠습니다.

울산 EV 전용공장 기공식

Dreams ever dreamt

HYUNDAI

울산 EV 전용공장 기공식
Dreams ever dreamt
2026

14. 대선 당시 국민의힘 종교특보단장을 맡아 활동하다

지난 대선에서 필자는 국민의힘 중앙선대위 종교특보단장을 맡아 여러 종교계 지도자 들을 만나 따뜻한 인사를 나누었다. 먼저 윤석열 대통령 후보를 대신해 충북 음성에 있는 꽃동네 추기경 정진석 센터를 방문한 바 있다. 오웅진 사도 요한 신부와 윤숙자 시몬 수녀를 접견, 윤 후보의 친전을 전달하고 '힘없고 어려운 이웃을 돌보는 국가의 책무'에 대해 이야기를 나눴다.

뿐만 아니라 '인내천의 가치'를 실천하고 있는 천도교 송범두 교령을 접견하고 윤 후보의 친서를 전달했다.

그리고 '일원상의 진'을 실천하는 원불교 나상호 교정원장을 접견, 역시 윤석열 후보의 친서를 전달하고 환담하는 시간을 가졌다. 아울러 '화해와 공존의 상생사회를 실천'하는 한국민족종교협의회 이범창 회장을 예방, 윤석열 후보의 친서를 전달하고 깊은 대화를 나누었다.

한편 '인의예지 바로세우고 나라의 근간'을 바로잡고 있는 성균관 손진우 관장도 예방, 윤석열 대통령 후보의 친서를 전달하면서 나라를 바로 세우는 일에 뜻을 모았다.

무엇보다 울산은 우리나라 삼보사찰(三寶寺刹)이자 유네스코 세계유산에 등재되어있는 통도사가 가까이 있는 터에 수시로 고명하신 스님들을 찾아 교류를 이어오고 있다.

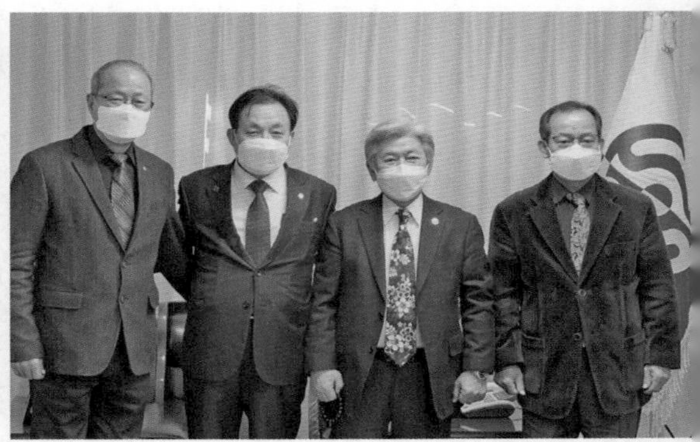

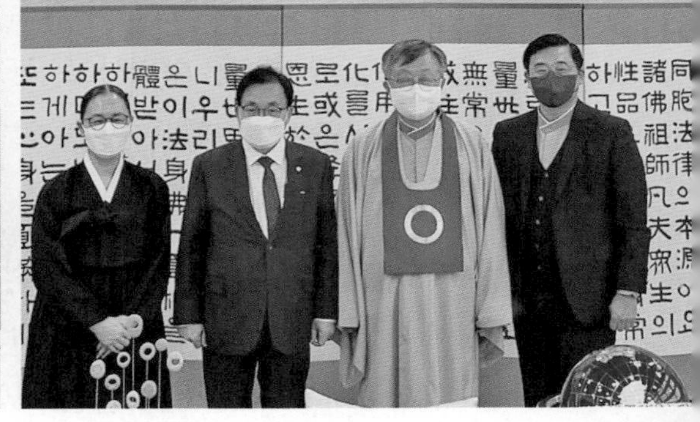

| 국민의힘 대통령선거 선대위 종교특보단장 활동하던 모습 |

15. 강원특별자치도의 4번째 명예도민이 되다

지난 12월 20일 이채익 국회의원에게 김진태 강원도지사는 명예 도민 증서를 전달하였다. 김 지사는 이 의원이 강원도의 현안이었던 특별자치도법과 오대산 사고본 조선왕조실록과 의궤의 환지본처에 기여한 공이 커 명예도민으로 선정하게 됐다고 밝혔다. 이 의원은 지난 2022년 국회 행정안전위원장으로 역임시 강원도가 특별자치도로서 지역 경쟁력을 제고하고, 국토 균형 발전에 기여하는 지원위원회 설치 등 관련법안을 통과시켰다.

또한 2021년 국회 문화체육관광위원장 재임 시 조선왕조실록 전시관의 설립·운영을 통해 조선왕조실록과 의궤가 환지본처를 촉구하는 결의안을 발의하고, 문화재청과 불교계, 강원도 등의 합의를 이끌어 내 결의안이 통과되도록 힘을 썼다.

김 지사는 "2023년 강원특별자치도의 가장 큰 성과에 이채익 의원께서 모두 도움을 주셨다"라며 "이제 강원특별자치도 명예 도민으로서 도정 발전에 많은 역할을 해줄 것을 기대한다"고 밝혔다.

이에 이 의원은 "강원특별자치도 명예 도민이 된 것을 매우 영광스럽게 생각한다"며 "울산과 강원특별자치도가 서로 상생하고 발전하는데 미력하지만, 힘을 보태도록 하겠다"고 밝혔다.(출처: 울산매일신문 2023. 12.20 기사)

대한민국
강원
명예도민증서

울산광역시장

6부

의정활동을 통해 받은 여러 수상들

| 2013년 국정감사 우수 국회의원 |

| 2014년 대한민국을 빛낸 한국인상 수상 |

| 2014년 대한민국 인물 대상 및 국정감사 우수 국회의원 대상 |

| 2015년 대한민국 의정 대상 수상 |

| 2016년 국정감사 우수의원 수상 |

| 2017년 국정감사 우수의원 수상 |

| 2018년 제6회 대한민국 지식경영 대상 수상 |

| 2018년 국정감사 특별우수의원으로 선정 |

| 2019년 대한민국을 빛낸 우수 국회의원 의정 대상 |

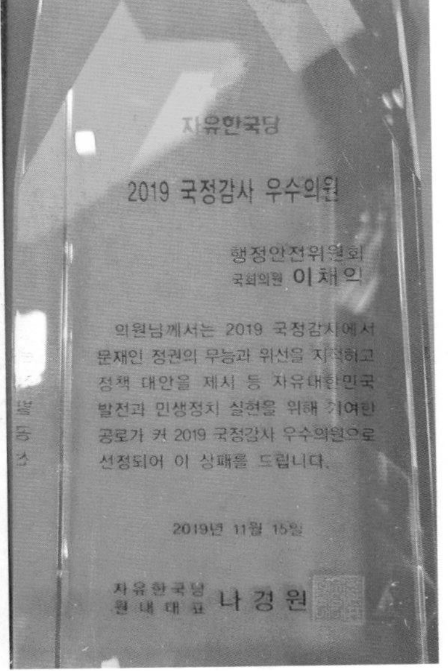

| 2019년 국정감사 우수의원 수상 |

| 2022년 대한민국 소비자평가 우수대상, 의정 분야 대상 수상 |

| 2022년 아름다운 선플상 선플대상 수상 |

| 2022년 대한민국을 빛낸 13인 대상 시상식 |

2022년NBN선정
혁신 인물 大賞

문화발전공헌부문

문화체육관광위원회 위원장
국회의원 이 채 익

귀하는 공정사회부문에 국가와 민족을 위해 맡은 바 직무를 수행하고 평소 정의로운 사회 국가 발전을 위해 국민과 소통하고 특히 적극적인 국정활동으로 대한민국의 역량과 위상을 높이기위해 헌신적으로 노력한 공로가 인정되어 NBN NEWS 내외뉴스통신의 창간 10주년을 기념하여 본 상을 수여 합니다.

2022년 4 월 20 일

NBN NEWS 내외뉴스통신
NBN시사경제

대 표 이 사 김 광 탁
회 장 임 정 혁

2022년 NBN선정 혁신 인물 大賞

문화발전공헌부문

문화체육관광위원회 위원장
국회의원 이 채 익

귀하는 공정사회부문에 국가와 민족을 위해 맡은 바 직무를 수행하고 평소 정의로운 사회 국가발전을 위해 국민과 소통하고 특히 적극적인 국정활동으로 대한민국의 역량과 위상을 높이기 위해 헌신적으로 노력한 공로가 인정되어 NBN NEWS 내외뉴스통신의 창간 10주년을 기념하여 본 상을 수여 합니다.

2022년 4월 20일

NBN NEWS 내외뉴스통신
NBN시사경제

대 표 이 사 김 광 탁
회 장 임 정 혁

| 2022년 NBN 선정 혁신 인물 대상 수상 |

| 2023년 대한민국 삼색무궁화대상 국회 국방발전혁신공로 대상 수상 |

| 국립조선왕조실록박물관 설립에 이바지한 공로 감사패 |

| 2023년 국민의힘 국정감사 종합 우수의원 선정 |

7부

사진으로 보는 이채익 의원의 활약상

| 2022년 4월 1일, 윤석열 대통령 당선 감사예배 사회 |

| 국민의힘 대통령선거 선대위 종교특보단장 활동 |

| 월남전 참전 국가유공자 만남의 장 행사 |

| 경찰청 국정감사 |

| 첫 사진 '스가 일본 전 총리, 두번째 기시다 현 일본 총리 |

| 2023년 국정감사 국방위 현장점검 |

| 2023년 6.25 전쟁 제73주년 기념식 |

| 소형원자로(SMR)산업 육성·발전 방안 정책토론회 |

| 강원도청에서 김진태 지사를 예방하고 오찬 간담회 |

| K-POP 발전을 위한 바람직한 방향 토론회 참석 |

| CBS 출산 돌봄 1주년 감사예배 격려사 |

| CJ ENM 스튜디오 개관식 |

| 민생 소통의 날, 현장 간담회 |

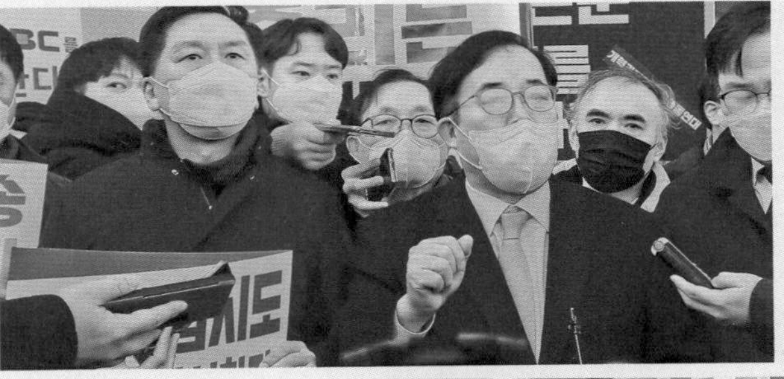

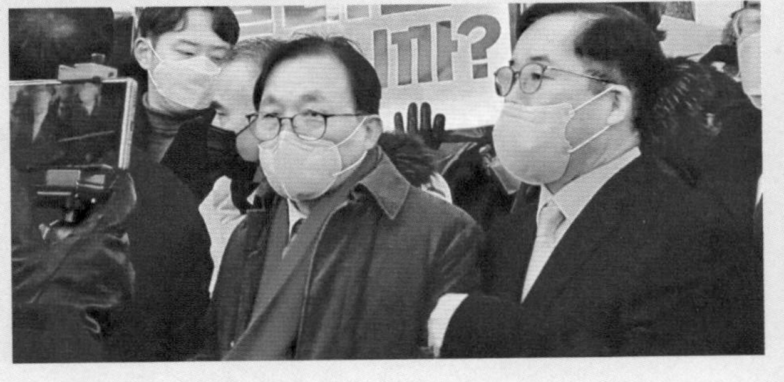

| 2022년 1월 14일, MBC 항의 방문 |

| 2022년 11월 21일 1987 민주 쟁취대회 미공개 사진전 |

| 2022년 10월 서울특별시 국정감사 |

| 윤석열 대통령과 함께 |

| 습관적 탄핵 NO! 막말잔치 STOP! |

| 울산을 방문한 한동훈 법무부 장관과 함께(현 국민의힘 비상대책위원장) |

| 나라를 걱정에 잠 못 이루는 이채익 의원 |

| 에필로그 |

항상 충고와 따가운 질책, 좋은 정책과 제언을 받겠습니다

존경하는 국민 여러분!

그리고 사랑하는 울산시민, 남구 구민 여러분!

저의 졸저 『열정의 아이콘! 이채익 의원』을 읽어보시고, 어떤 느낌과 독후감을 가졌습니까?

제가 이 졸저를 준비하면서 책에 쓰고 싶고, 하고 싶은 얘기가 참 많았습니다만 정치적, 물리적으로나 시간적으로 많은 제약과 한계가 있어서 모두를 담지는 못했습니다.

다음에 출간할 기회가 있을시 못다한 얘기, 훗날 역사에 남길 중요한 사항은 기필코 남기도록 하겠습니다.

제가 평소 존경하고, 사랑하시는 분들께 지금까지 근로자 생활, 정당인 생활, 지방의원, 행정기관 단체장, 공기업 CEO와 국회의원을 거치면서 선출직이 가져야 할 덕목에 대해서 많은 생각을 하며 이를 지금까지 지켜왔습니다.

첫째, 선출직 공인은 사인과는 확연히 다른 삶을 살아야 한다고 생각합니다.

공인은 무한봉사하는 자리이고, 희생과 헌신, 섬김의 자리라고 생각합니다. 이러한 무거운 사명감을 확실하게 갖추지 못한 사람이 공인의 길을 선택하면 안 됩니다. 왜냐하면 혼자만의 실패가 아닌 수십만, 수천만 국민에게 그 피해가 돌아가기 때문입니다.

둘째, 저는 지금까지 행정과 정치를 하면서 선출직 공인들의 말과 행동이 다른 모습을 많이 보았습니다.

모두가 완벽할 수는 없습니다. 저자 자신도 예외가 될 수는 없습니다. 그렇지만 가족과 친구 사이에서 말과 행동이 다소 다른 것은 이해할 수 있지만, 국민과 한 약속에 대해서는 한층 무거운 책임 의식을 가져야 한다고 생각합니다.

우리 국민께서 정치에 대한 불신이 굉장히 높은 것은 정치인들의 말과 행동에 대해 불신하고 있기 때문이라고 확신합니다.

어렵고 힘든 국민을 보살피고, 애환을 함께 나누며 국민께서 정치인을 보면서 희망을 가질 수 있도록 부족하지만 희망의 정치, 후손들에게도 훗날 존경받을 수 있는 정치인, 역사를 두려워하는 정치, 미래를 바라보는 선견지명의 정치를 해보고 싶습니다.

셋째, 지금 여의도 정치는 서로 잘하기 위한 정치, 선의의 정책 경쟁 정치, 국가의 앞날을 걱정하는 초당적 정치가 아닌 상대 약점을 파고들기 위한 정치, 상대 당을 죽여야 자당(自黨)이 살 수 있는 사생결단식 정치가 횡횡하고 있습니다.

다시 한번 저에게 정치를 할 수 있는 기회를 주신다면 저의 모든 정치생명을 걸고 통합의 정치, 상생의 정치, 국민에게 희망을 드리는 정치를 선두에서 해보고 싶습니다.

존경하는 독자 여러분!

저의 졸작을 읽어주시고, 격려해주셔서 다시금 깊이 감사드립니다.

언제라도 이 책에 다른 견해가 있으시면 조금도 주저하시지 마시고, 저에게 충고와 따가운 질책, 좋은 정책 제언을 말씀해주시면 흔쾌히 받아들이고, 정책에 반영토록 약속드립니다.

지금까지 저를 향한 지지와 성원에 마음 깊이 두 손 모아 감사의 인사를 올립니다. 다사다난했던 2023년을 넘기며 새해 2024년 갑진년, 푸른 용의 해에는 모든 분의 가정과 직장에 축복이 가득하시고, 하시는 모든 일이 만사형통하시길 기원드립니다.

2024.1. 새해 아침

저자 이채익 드림